3小時掌握

速　算

涌井良幸◎著

陳盈辰◎譯

作者介紹

涌井良幸

1950年出生於日本東京。東京教育大學（現今的筑波大學）理工學院數學系畢業後從事教職。目前擔任高中數學教師，並利用電腦進行教育學與統計學的相關研究。主要日文著作（含共同著作）有《傅立葉變換的解說與應用》、《貝氏統計的解說與應用》（日本實業出版社）、《培養數字敏銳度的超快算術》（實務教育出版）、《身邊常見的現代化生活科技》（中經出版）等。

留美　興趣是打高爾夫，運動神經發達。

久美

領導者，
力氣大。

裕美

溫文儒雅的女孩，
喜歡的國家是印度。

內文設計、美術排版：kunimedia co., ltd.
插畫：井上行広
校正：曾根信壽

前 言

　　學校裡教的算術和數學，都是正統的，放諸四海皆準，然而實際運用的時候卻覺得不太方便，計算要花很多時間。舉例來說，下面的問題要怎麼解呢？

$$398 \times 402$$

　　相信很多人會說：「這題目很簡單呀！」然後拿出紙筆寫出小學學過的乘法直式，依照下方步驟解答。

$$
\begin{array}{r}
398 \\
\times\ 402 \\
\hline
796 \\
000 \\
+1592 \\
\hline
159996
\end{array}
$$

　　但是，這個方法要算好幾次乘法，很花時間，還有多次進位，很容易計算錯誤。

在這個時候，可以進行其他彈性思考，如下圖所示輕鬆導出正解，這個方法還能以心算快速求解。

$$398 \times 402$$
$$= (400 - 2)(400 + 2)$$
$$= 400^2 - 2^2$$
$$= 160000 - 4$$
$$= 159996$$

再舉一個例子。這個問題要怎麼解呢？

$$164 \times 0.75$$

解題可以像前頁範例，正面迎擊，拿出紙筆來計算。但是用下面這個方法，可以用心算馬上計算出來。

$$164 \times 0.75$$
$$= 164 \times \frac{3}{4}$$
$$= 164 \div 4 \times 3$$
$$= 41 \times 3$$
$$= 123$$

像這樣，面對問題的時候，不需要用學校教的正面迎擊方法硬碰硬，而是隨機應變，依照每個問題的特性，選擇適合的方法；而且這種隨機應變的精神，不僅可以應用於速算技巧，在生活各個層面中也可以讓我們的思考變得更加靈活。

　　本書除了速算，也介紹快速「概算」和「驗算」技巧。「概算」和「驗算」精神在於去蕪存菁、立即看穿本質。因此，進行快速概算，可在一瞬間看穿事物的本質。這樣的思考方式，既有益於數學計算，又能運用在日常生活和工作方面。比別人早一步看穿數量本質，這個能力，將成為你讀書或求職的一大利器。

　　本書前半部介紹速算的基本技巧，附有大量練習題，目的是讓讀者學會運用這些計算方法。後半部則介紹與速算有關的各種計算知識，以及使生活變得更有趣的數學常識等等。

　　希望讀者藉由閱讀本書，對數學計算改觀，開始喜歡數字，進而更加享受生活和工作。

　　此外，在撰寫本書時，承蒙科學叢書編輯部石井顯一先生和編集工房SHIRAKUSA畑中隆先生多方指導，在此表達由衷感謝。

涌井良幸

目　錄

第 1 章

速算技巧的
基礎知識

在學習速算技巧之前，一起來熱身，
認識速算的思維模式，掌握速算的基
本「工具」，重點在於補數和求補數
的方法。

1-1　熟練速算和概算的優點

重點

> 熟練速算的人≒腦筋清醒，運作快速
> 　　　　　　≒正確判斷
> 　　　　　　≒很會考試
> 熟練概算的人≒能夠快速掌握事物本質

　　能夠三兩下計算得到答案，這樣的人很擅長速算，令人嘆為觀止。熟練速算的人，被認為是腦筋動得快、能快速正確判斷的人。

　　事實上，熟練速算的人，由於頭腦靈活，考試普遍容易拿高分。一般的考試都會要求在有限的時間內正確解答大量問題，所以如果在數字計算上花太多時間，作答比較吃虧。

　　運用速算技巧迅速完成計算，多出來的時間可以運用到需要仔細作答的問題上，提高答案的正確度。

　　速算裡面有一種技巧叫概算，概算的精神在於去蕪存菁、看穿數量的本質，因此，如果平常習於快速概算，相當於在不知不覺中進行了「掌握事物本質的訓練」這樣的思考方式，不但有益數學計算，也能運用在日常生活的讀書和工作上。

　　培養看穿數量本質的能力，可提升效率，成為讀書考試利器。

1-2 速算不是萬靈丹,而是特效藥

重點

學校教的計算方法是「萬靈丹」,速算則是「特效藥」

小學學過的加減乘除,可說是「正面攻擊法」,在任何情況下使用這種計算方式,都一定可以得到正解。這種「正面攻擊法」如果用藥物來比喻,就是不管什麼疾病都能醫治的萬靈丹。

但是,這種萬靈丹的缺點是「藥效慢」,如果是特殊疾病,特效藥更能發揮治療效果,速度也比萬靈丹更快,因此,對付各種疾病,我們不只要準備萬靈丹,也要準備許多特效藥。而計算上的特效藥,就是速算的技巧。

萬靈丹用途很多、很方便,可是藥效緩慢。

特效藥雖然只能用在特定的地方,但是立刻見效!

1-3 速算要隨機應變

運動時身體要柔軟

速算時頭腦要柔軟

　　柔軟度是運動的基礎，如果身體僵硬，做什麼動作都很笨拙。頭腦的柔軟度是工作的基本要件，需要運用經驗和智慧，隨機應變，處理每天遇到的新問題。

　　速算也一樣。如果受到固有觀念的約束，只會用同一種老方法計算，這樣的人容易失敗。因為速算並不是只有一種正確算法，而是遇到問題時，迅速找到（判斷）最適合的方法，並迅速解決，這樣才叫速算。所以，速算可以說是頭腦的柔軟體操，從這個意義上來看，速算其實相當有趣。

身體好僵硬，好難打球……

身體柔軟，進步會很快喔！

1-4 速算不需要苦練

重點

開始愛上速算，會覺得日常生活的計算很有趣

　　手中握有「珠算一級」檢定合格的人，心算能力強。但若想成為心算達人，需要經過長時間的努力，不是每個人都能做得到的。

　　然而速算不一樣，是為了尋找捷徑，盡可能讓計算簡化，是一種懶人精神的發揮。速算來自於「想要輕鬆快速求解」的想法。

　　因此，一旦習慣運用速算，便容易上癮，這是因為每多學會一種速算法，計算就會變得更容易，省時又省力。開始喜歡速算以後，會對計算產生不同的看法，會經常思考應該解題的訣竅。

哎呀，我還是用計算機好了～

速算雖然也可以用紙和鉛筆，但是心算會更酷喔。

重點

速算基礎在於簡單的展開公式

速算在日本又稱為速算術，對於一般人來說，就好像是魔術一般的特技，但是很可惜，必須要對讀者抱歉了，因為速算背後的思路和秘訣，不過是善用國中教過的數學公式而已，並不困難，一點都不神奇。速算基本上只是靈活運用下列三個國中學過的多項式公式：

① $(a+b)(c+d)=ac+ad+bc+bd$

② $(a+b)^2=a^2+2ab+b^2$

③ $(a+b)(a-b)=a^2-b^2$

1-6　速算的決勝關鍵在於湊成「10的倍數」

重點

將數字統整為接近10、100、1000等數字，方便速算

　　我們日常所使用的數字為十進位系統，以$10(=10^1)$、$100(=10^2)$、$1000(=10^3)$等作為進位的單位，因此，利用這些數進行加減乘除（稱為四則運算）容易計算。速算把這些數稱為「10的倍數」的補數，可將容易計算的優點發揮到最大。

例：67＋98

　　　＝67＋（100－2）＝（67＋100）－2＝167－2＝165

大家試著練習用「10的倍數」來計算。

8是10－2，9是10－1。

10

11是10＋1，12是10＋2。

8　9　11　12

1-7　速算經常會用到的「補數」是什麼？

自由自在運用補數

速算經常運用10和100等「10的倍數」來計算，還有一個非常重要的數，叫作「補數」，補數在速算過程中會發揮很大的功用，所以請務必學起來。數學對於補數的嚴格定義十分複雜，本書則將補數定義解釋如下：

「滿足 a＋b＝c 這個條件，式中的 b，即是 a 的『c 補數』」

其中c稱為基準數。

文字敘述好像有些複雜，以下舉例說明：

①因為9＋1＝10，所以9的「10補數」是1

②因為2＋98＝100，所以2的「100補數」是98

③因為995＋5＝1000，所以995的「1000補數」是5

從以上三例可以看出， a和b正好是彼此的「基準數c補數」。在例①中「9的『10補數』是1」，也可以說「1的『10補數』是9」。

這裡要注意一點：如果a、b數字大於基準數c，還是要用補數的定義來思考。舉例來說，因為「滿足a＋b＝c這個條件的b，即是a的『c補數』」， 11＋（－1）＝10，所以11的「10補數」是－1。

「補數是負數」這件事可能讓人覺得不太舒服，但是習慣了就好。上題中的計算數字10，比補數11大，因此需要用到負號。另外再舉一些例子：

④因為12＋(－2)＝10，所以12的「10補數」是－2

⑤因為105＋(－5)＝100，所以105的「100補數」是－5

⑥因為1013＋(－13)＝1000，所以1013的「1000補數」是－13

　　再者，除了10、100、1000、10000等剛好為十進位整數，計算時還會依不同情況，選擇其他10的倍數作為「補數」，如30、50、800等。

例）因為48＋2＝50，所以48的「50補數」是2

1-8 快速找補數

重點

求比較大的「補數」，其他位數都取「與9的差」，只有
個位數取「與10的差」

求補數很簡單，不需要冗長說明，理解下面的具體例子就夠了。
例如，求738的「1000補數」，如下圖所示「找到每位數的9的補數
（和9的差）然後再加上1」即可。換個說法，也就是「找到每位數字
的9補數，但只有個位要找10補數」。

求738的「1000補數」

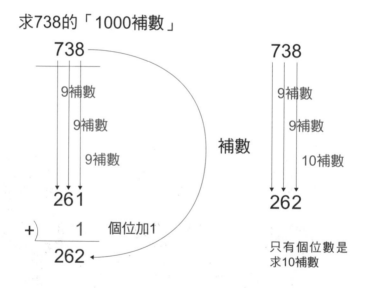

738

9補數

9補數

10補數

262

只有個位數是
求10補數

第 2 章

補數的速算
技巧練習

本章將結合心算，介紹速算技巧。速算的
基礎並非心算，但可運用心算輔助。剛開
始學速算，難免對新觀念和思考方式感到
困惑，因此不妨多多練習本章所教導的技
巧，相信日後便能快速上手。

例題

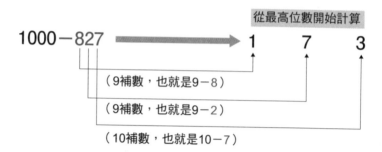

$1000 - 827$

從最高位數開始計算

1 7 3

（9補數，也就是9－8）

（9補數，也就是9－2）

（10補數，也就是10－7）

　　這是在1-8節介紹過的方法。用大鈔買東西的時候，會找回很多零錢，這個時候，依序個位、十位、百位計算會比較慢。

　　快速求解可從最高位數開始，找每一位數的「補數」就能求得答案，但是要特別注意個位數是要找10補數。下圖以直式減法來說明：

練習1 初級篇

（1）100－87

=1（=9－8）3（=10－7）=13
從十位數的「8」開始，「9－8＝1」，因此十位數為1；接下來個位要找10補數，也就是「10－7＝3」，所以個位數為3，因此解答為13。

（2）100－76

=2（=9－7）4（=10－6）=24
從十位數的「7」開始，「9－7＝2」，因此十位數為2；個位要找10補數，「10－6＝4」，所以個位數為4，因此解答為24。

（3）100－42

=5（=9－4）8（=10－2）=58
可以很快求得答案「58」。

（4）1000－298

=7（=9－2）0（=9－9）2（=10－8）=702
三位數減法也是同樣的道理。百位數是「9－2」，十位數是「9－9」，個位數是「10－8」，可以快速求得答案。

速算要從最高位數開始算！

10000
－××××
用9來減　只有個位數用10來減

（5）$1000-672$ $=3（=9-6）2（=9-7）8（=10-2）=328$

（6）$1000-594$ $=4（=9-5）0（=9-9）6（=10-4）=406$

（7）$10000-6521$ $=3（=9-6）4（=9-5）7（=9-2）9（=10-1）=3479$

（8）$10000-1371$ $=8（=9-1）6（=9-3）2（=9-7）9（=10-1）=8629$

（9）$10000-8935$ $=1（=9-8）0（=9-9）6（=9-3）5（=10-5）=1065$

練習2　中級篇

（1）$8000-7365$

$=8000-7000-365$
$=1000-365$
$=6（=9-3）3（=9-6）5（=10-5）=635$
接近的10倍數不是10、100、1000，而是8000。

（2）$5000-4311$

$=5000-4000-311$
$=1000-311$
$=6（=9-3）8（=9-1）9（=10-1）=689$

（3）$5000-298$

$=4000+1000-298$
$=4000+7（=9-2）0（=9-9）2（=10-8）$
$=4000+702=4702$

2-2　心算順序：由左而右

例題

由左而右

$$45+37=45+(30+7)=75+7=82$$

分解

由左而右

$$6\times45=6\times(40+5)=6\times40+6\times5=240+30=270$$

分解

　　假如例題改為（45＋37）而是（43＋33），就可以像平常利用紙筆輕鬆計算，從個位數開始算（3＋3＝6），十位數則是（4＋3＝7），不需要進位可求得答案，這種題目心算也沒問題。

　　然而，如果要用心算來解原題（45＋37），個位數（5＋7＝12）突然出現了令人傷腦筋的進位。必須暫時記著進位的1，同時進行十位數計算，心算變得有些麻煩。

123由左而右讀作一百二十三，心算順序也是這樣自然而然！

123

將複雜的計算變簡單，省時省力又不容易算錯。首先將45加上37左半邊（十位數）的30，等於75，可以簡單心算。接下來75再加上37右半邊（個位數）的7，等於82，這些計算都不難。

乘法也是相同的道理。計算6×45時，6先乘以45左半邊（十位數）的40，得到240，接著將6乘以45右半邊（個位數）的5，得到30，再加上已得的240，求得答案為270。以文字敘述可能有些複雜，可看前頁算式比較清楚。

我們平時習慣紙筆計算，依序「個位數→十位數……」計算，所以剛開始練習速算會覺得不習慣，然而，等到習慣了「由左而右」的計算順序，計算起來將會得心應手。

接下來請做練習題。

練習1　加法篇

（1）$52 + 39$

$= 52 + 30 + 9 = 82 + 9 = 91$
計算時先不要看個位的「2和9」，而要先思考「52＋30」，心算得到82，最後再加上剩下的9。

（2）$23 + 17$

$= 23 + 10 + 7 = 33 + 7 = 40$

（3）$63 + 44$

$= 63 + 40 + 4 = 103 + 4 = 107$

談場雙向奔赴的戀愛，撩人撩心的錯覺溝通術

「希望我喜歡的人能喜歡我」無論男女，只要喜歡一個人，都會有這個想法。

一般的戀愛技巧都是基於作者自身的經驗或心理學，讓人覺得並不適用於自己。

交友軟體該怎麼打自我介紹？

初次見面時如何讓對方留下好感？

怎麼跟對方變熟？

讀懂戀愛背後隱藏的秘密，

成為戀愛關係的贏家！

好感溝通聊著聊著就成交

世良悟史 著

總是被不讀不回？

不曉得怎麼開話題？

如何快速吸引對方？

世茂 世潮 智富 出版有限公司
新北市新店區民生路 19號 5樓

電話： (02)2218-3277
傳真： (02)2218-3239

世潮出版／定價380元

（4）87＋95　　　＝87＋90＋5＝177＋5＝182

（5）532＋391　　＝532＋300＋91＝832＋90＋1＝922＋1＝923
別被複雜數字嚇到了。先把「391」拆成「300」、
「90」、「1」三部分，如此一來可以先加百位數，
532＋300＝832。依序求得答案。

練習2　乘法篇

（1）62×3　　　＝60×3＋2×3＝180＋6＝186
乘號右邊只有1位數，因此先分解乘號左邊的數字。隨
機應變。

（2）52×31　　　＝50×31＋2×31＝1550＋62＝1612
當然也可以這樣算：52×30＝1560，52×1＝52，
1560＋52＝1612。不要拘泥於先分解乘數或被乘數，
而是要保持彈性，這樣一來計算才能游刃有餘。

（3）23×42　　　＝23×40＋23×2＝920＋46＝966

（4）82×25　　　＝80×25＋2×25＝2000＋50＝2050

（5）162×3　　　＝100×3＋60×3＋2×3＝300＋180＋6
＝480＋6＝486

例題

$$34+56+66+44=(34+66)+(56+44)=200$$

100　　　100
10的倍數　　10的倍數

　　計算複雜數字的時候，有些人會從頭開始猛算，這樣不但可能花太多時間，還容易計算錯誤。遇到複雜的計算，請先停下來想一想「關於這個問題，有什麼方法可以正確而快速求解呢？」這便是速算技術的基本精神。

　　關於這個題目，這時我們需要思考「能不能找到適當的數字組合，湊成10的倍數？」也就是所謂的配對，以簡化計算，錯誤也會減少。如果無法配對，可再尋找其他的方法。

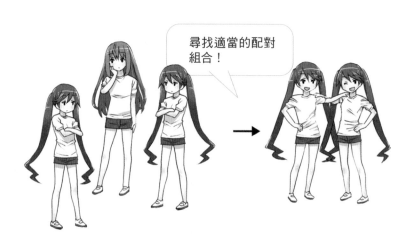

尋找適當的配對組合！

練習

（1）　$9+3+7+2+1$

$=(9+1)+(3+7)+2$
$=10+10+2=22$

（2）　$82+101+18-1$

$=(82+18)+(101-1)$
$=100+100=200$

（3）　$99+508+301+392$

$=(99+301)+(508+392)$
$=400+900=1300$

（4）　$179+312+208+701$

$=(179+701)+(312+208)$
$=880+520=1400$

（5）　$256-1011+104+111$

$=(256+104)-(1011-111)$
$=360-900=-540$

（6）　$899+508-398+392$

$=(899-398)+(508+392)$
$=501+900=1401$

寫成直式。

（7）$5+7+8+5+6+3$

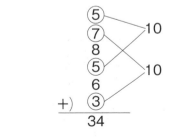

（8）$-5+7+8+5-6+3$

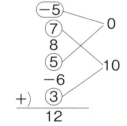

例題

5個數字 （數列總共有奇數個數字）

$2+4+6+8+10 = 6 \times 5 = 30$

（後面的數比前一個數多2）

4個數字 （數列總共有偶數個數字）

$21+26+31+36 = (26+31) \times (4÷2) = 57 \times 2 = 114$

（後面的數比前一個數多5）

以固定的幅度逐漸增加的數列，計算的時候，是不是一個個循序相加呢？遇到這類問題，其實可以把「加法變乘法」快速求解。

①計算的數字為奇數個

如果要計算的數有奇數個，將「正中央的數×個數」即可。

②計算的數字為偶數個

數列一共有奇數個數字喔。

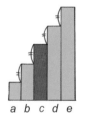

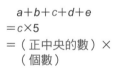

$a+b+c+d+e$
$= c \times 5$
$=$（正中央的數）×
（個數）

$a \ b \ c \ d \ e$

　　若要計算的數字為偶數個，比較麻煩一點，請先把「正中央的2個數字相加，再乘以數字個數的一半」。當然也可以把「正中央的2個數相加除以2，再乘以數字個數」，覺得哪一種好用就用哪一種。

數列一共有偶數個數字喔。

$$a+b+c+d+e+f$$
$$=(c+d)\times(6\div2)$$
$$=（正中央2個數的和）\times（數字個數的一半）$$

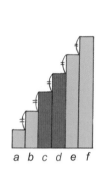

a b c d e f

練習

（1）$1+2+3+4+5$

$=3\times5=15$
「後面的數比前一個數多1」此數列的加法，數字為奇數個（5個），因此將正中央的「3」乘以5。

（2）$1+2+3+4+5+6$

$=（3+4）\times3=21$
「後面的數比前一個數多1」此數列的加法，數字為偶數個（6個），因此，將正中央的2個數「3+4」先乘以6再除以2。

（3）$30+40+50+60$

$=（40+50）\times2=180$

（4） 30＋40＋50＋60＋70　　　　＝50×5＝250

（5） 3＋5＋7＋9＋11＋13＋15

＝9×7＝63

「每個數都比前一個數多2」此數列的加法，算法和前面一樣。數字為奇數個（7個），所以將正中央的「9」乘以7。

（6） 3＋5＋7＋9＋11＋13＋15＋17

＝（9＋11）×4＝80

「每個數都比前一個數多2」此數列的加法，數字為偶數個（8個），所以將正中央2個數相加「9＋11」求和，再乘以4（8÷2）即可。或者，先把正中央2個數的和（9＋11＝20）除以2，求得10，再乘以8也可以。此兩種方法以後者在心算上比較簡單。

這種思考方式的一般化，會在7-6節「高斯的天才計算」進一步介紹。

2-5　加減法運用10的倍數調整

例題

$$95-81=(95-80)\quad-1\quad=14$$

減掉10的倍數　　　調整

$$95+81=(95+80)\quad+1\quad=176$$

加上10的倍數　　　調整

進行減法運算的時候，把「減數」換成10的倍數，計算會變得比較簡單。因此像上面例題的情況，把減數「81」分解為10的倍數「80」和零頭「1」，先減掉十進位整數「80」，再調整沒減掉的（或是減過頭的）零頭「1」，就是這一節所要介紹的技巧。

同時，這個方法也可以運用在加法運算。同上，先加上十進位整數，再調整不夠的數（或是加過頭的）即可。

對了，這種計算方式，是不是覺得似曾相識呢？是的，和2-2節的分解很類似。在2-2節中，（45＋37）將十位數和個位數分開計算，也就是說，先計算（45＋30＝75），再求（75＋7＝82）。

2-5這一節的方法，與2-2節形式相同，但觀念有些不同。2-2節分解數字時並沒有考慮換成10的倍數，而是直接拆成2個數，例如「加39」，可將39拆成「30」和「9」。

然而，此節的思考方式有些不同，是「想要加39，將39變成10的倍數40來計算」，然後「再減掉1」。

這個想法就像「先用大桶子全部舀起來，然後再調整份量」。

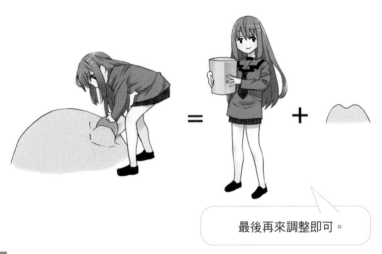

最後再來調整即可。

（1） 77－61

$=77-60-1=17-1=16$

（2） 85＋41

$=85+40+1=125+1=126$

（3） 781－67

$=781-60-7=721-7=714$
三位數不必害怕。減數67是2位數，可分解為「60＋7」或「70－3」。

（4） 2981－603

$=2981-600-3=2381-3=2378$

（5） 859－298

$=859-300+2=559+2=561$

（6） 651－67

$=651-70+3=581+3=584$
減數和例題（3）一樣是「67」，
這次將67分解為「70－3」。

（7） 3584－1982

$=3584-2000+18=1584+18=1602$
這種複雜題目一般不能用心算求解，然
而如果先減掉2000再調整回來，心算
就會比較容易。

（8） 981＋67

$=981+60+7=1041+7=1048$

（9） 1981＋603

$=1981+600+3=2581+3=2584$

（10） 759＋298

$=759+300-2=1059-2=1057$

$=783+100+2=883+2=885$

（11） 783＋102

（12） 4727＋3984

$=4727+4000-16=8727-16=8711$
這一題用心算求解也不好算，可以先加
4000，得到8727（光計算千位數即可），
最後再減掉16。

2-6 連續加減法的數項太多，請先分類

例題

$$8-3+2-1+4-5$$
$$=(8+2+4)-(3+1+5)$$
$$=14-9=5$$

先把加法和減法分開！

如上述例題所示，加減運算數項太多的計算很麻煩。遇到這類問題時，要先做的是「把加法和減法分成兩類」，加法一類，減法一類。

分類和分解，是速算的基礎！

練習

（1） $4-8+2-4+1-5$

$\qquad = (4+2+1) - (8+4+5)$

$\qquad = 7-17$

$\qquad = -10$

（2） $40-10+70-20+30-10$

$\qquad = (40+70+30) - (10+20+10)$

$\qquad = 140-40$

$\qquad = 100$

（3） $28-12-29+83$

$\qquad = (28+83) - (12+29)$

$\qquad = 111-41$

$\qquad = 111-1-40$

$\qquad = 70$

（4） $750-120-270+85-130$

$\qquad = (750+85) - (120+270+130)$

$\qquad = 835-520$

$\qquad = 835-500-20$

$\qquad = 335-20$

$\qquad = 315$

例題

$$102+98+105+99$$

先抓基準數100！

$$=(100+2)+(100-2)$$
$$+(100+5)+(100-1)$$

$$=\underbrace{100\times4}+\underbrace{(2-2+5-1)}=400+4=404$$

簡化！　　　簡化！

　　遇到上面的例題，一般人會直接從頭開始算，但是如果停下來想一想，會發現題目中所有數字98～105都非常相近。遇到這類問題時，先找一個數當作基準數，接著「用基準數減掉多餘的部分或加上缺少的部分」，這樣計算就會變得更快。決定基準數並沒有規則，但以10的倍數為準會比較好算。

練習

基準數

以我為準喔！

（1）12＋9＋11＋8

→（以10為基準數）
＝（10＋2）＋（10－1）＋（10＋1）
＋（10－2）
＝10×4＋（2－1＋1－2）
＝40＋0＝40

這一題也可以用2-3配對組合法。
12＋9＋11＋8
＝（12＋8）＋（9＋11）
＝40

（2）52＋49＋54＋48

→（以50為基準數）
＝（50＋2）＋（50－1）＋（50＋4）
＋（50－2）
＝50×4＋（2－1＋4－2）
＝200＋3＝203

（3）107＋95＋102＋98

→（以100為基準數）
＝（100＋7）＋（100－5）＋（100＋2）
＋（100－2）
＝100×4＋（7－5＋2－2）
＝400＋2＝402

（4）812＋799＋783＋802

→（以800為基準數）
＝（800＋12）＋（800－1）＋（800－17）
＋（800＋2）
＝800×4＋（12－1－17＋2）
＝3200－4
＝3196

（5）1024＋989＋1011＋1008

→（以1000為基準數）
＝（1000＋24）＋（1000－11）
＋（1000＋11）＋（1000＋8）
＝1000×4＋（24－11＋11＋8）
＝4000＋32＝4032

例題

$$\boxed{3}+\widehat{5}+4+\widehat{5}+\widehat{5}+6+\boxed{3}+\boxed{3}+\widehat{5}+\boxed{3}+\boxed{3}$$

$$=\widehat{5}\times4+\boxed{3}\times5+4+6=20+15+10=45$$

用乘法！

　　乘法是為了讓加法變得更簡便而生的。因此，「連續加減運算相同數項很多」時，請運用乘法來速算。

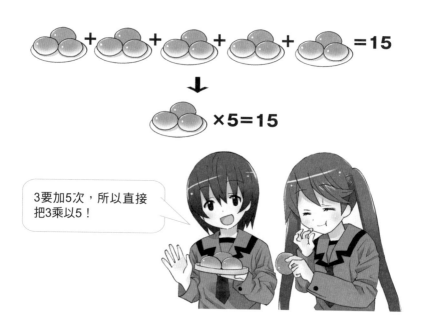

3要加5次，所以直接把3乘以5！

練習

運用乘法解下列加法練習題

（1）2＋7＋3＋2＋3＋3＋2

$=2\times3+3\times3+7$
$=6+9+7=22$

（2）5＋1＋5＋1＋1＋1＋5＋1

$=5\times3+1\times5$
$=15+5=20$

（3）23＋75＋23＋25＋23＋30

$=23\times3+（75+25）+30$
$=69+130=199$

（4）102＋110＋102＋100＋102

$=102\times3+110+100$
$=306+210=516$

（5）63－71＋63－71＋70＋63

$=63\times3-71\times2+70$
$=189-142+70$
$=（189+70）-142$
$=259-140-2$
$=119-2=117$

　　寫成直式。

（6）5＋5＋8＋5＋6＋5

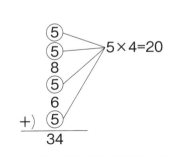

（7）7－3－3＋5＋7－3－3＋7

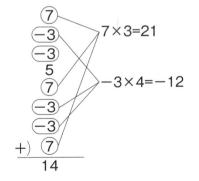

2-9 減法運算,把減數變成10的倍數

例題

① $75-58$ $=(75+2)-(58+2)$ $=77-60=17$

　　　　　　　　↑　　　　　↑　　　　　　　變簡單!
　　　　　　　加2　　　　加2

② $78-52$ $=(78-2)-(52-2)$ $=76-50=26$

　　　　　　　　↑　　　　　↑　　　　　　　變簡單!
　　　　　　　加-2　　　　加-2
　　　　　（也就是減2）（也就是減2）

　　10的倍數很容易計算,減法算式中,10倍數的「減數」比較好算,所以不妨記得這個技巧:

　　「將減數或被減數,湊成10的倍數,再開始計算」

　　為什麼可以這樣做呢?請看下列的式子:

$$a-b=(a+\blacktriangle)-(b+\blacktriangle)$$

　　從式子右邊可以看見,兩個數字分別加上一樣的▲,在計算最後會抵銷掉。▲數字不拘(也可以用負數),計算時一般是把「減數」變成10的倍數,計算更快,最後再將多或少的數補回來。

　　前面例題①要把減數58變成60（變成10的倍數），因此被減數也要加2。例題②要把減數52變成50（變成10的倍數），因此被減數也要－2。

練習

（1） 81－67　　　　　＝（81＋3）－（67＋3）＝84－70＝14

（2） 61－38　　　　　＝（61＋2）－（38＋2）＝63－40＝23

（3） 89－62　　　　　＝（89－2）－（62－2）＝87－60＝27

（4） 98－41　　　　　＝（98－1）－（41－1）＝97－40＝57

（5） 981－67　　　　　＝（981＋3）－（67＋3）＝984－70＝914

（6） 759－298　　　　　＝（759＋2）－（298＋2）＝761－300＝461

（7） 8725－6899　　　　＝（8725＋101）－（6899＋101）
　　　　　　　　　　　　＝8826－7000＝1826

2-10　乘以5，就是先除以2再乘以10

例題

$$284 \times 5 = \underbrace{284 \div 2}_{好算！} \times 10 = 142 \times 10 = 1420$$

　　「乘以5」和「先除以2再乘以10」答案是一樣的，或是改變順序「先乘以10再除以2」也可以。心算的時候不妨試試這個技巧。

　　另外，要「先除以2」還是「先乘以10」可依情況而定，所以兩個方法都可以練習看看。

■■×5　➡　■■÷2×10

■■×5　➡　■■×10÷2

練習

（1）24×5

$= 24 \div 2 \times 10 = 12 \times 10 = 120$

（2）83×5

$= 83 \times 10 \div 2 = 830 \div 2 = 415$
如題所示，乘數5不好算，可以先乘以10再除以2比較好算。

（3）86×5

$= 86 \div 2 \times 10 = 43 \times 10 = 430$

（4）　342×5
$$=342\div2\times10=171\times10=1710$$

（5）　846×5
$$=846\div2\times10=423\times10=4230$$

（6）　1832×5
$$=1832\div2\times10=916\times10=9160$$

（7）　283×5
$$=283\times10\div2=2830\div2=1415$$

（8）　847×5
$$=847\times10\div2=8470\div2=4235$$

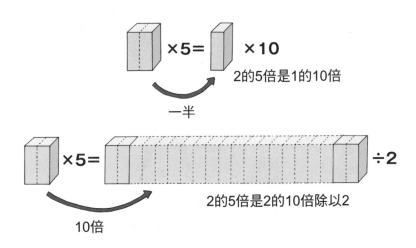

2的5倍是1的10倍

一半

2的5倍是2的10倍除以2

10倍

2-11 乘法分解（2×5）、（4×25）

例題

① $35 \times 18 = 7 \times (5 \times 2) \times 9 = 63 \times 10 = 630$

5的倍數　　2的倍數

② $75 \times 36 = 3 \times (25 \times 4) \times 9 = 27 \times 100 = 2700$

25的倍數　　4的倍數

　　將35分解為7×5，將計算數字變小比較好算。分解得到5的倍數時，可以注意能不能得到2，因為$2 \times 5 = 10$，計算起來容易又快速。

　　同理，分解數字，湊成4×25，計算上變成乘以100，答案算得很快又不容易錯。

練習

（1）45×14　　=9×（5×2）×7=63×10=630

（2）16×15　　=8×（2×5）×3=24×10=240

（3）26×25　　=13×（2×5）×5=65×10=650

（4）14×65　　=7×（2×5）×13=91×10=910

（5）6×125　　=3×（2×5）×25=75×10=750

（6）32×35　　=16×（2×5）×7=112×10=1120

（7）246×15　　=123×（2×5）×3=369×10=3690

（8）24×125　　=6×（4×25）×5=30×100=3000

（9）175×64　　=7×（25×4）×16=112×100=11200

（10）44×325　　=11×（4×25）×13=143×100=14300

（註）練習題（10）的計算過程中，11×13計算方式可另參照3-1節。

2-12　乘法有數字99，先乘以100再減回來

$$78 \times \boxed{99} = 78 \times (\boxed{100} - 1)$$

乘以99，等於乘以（100－1）

　　乘以99的時候，是可以按部就班計算，但99的乘法很容易算錯。這裡可以運用10的倍數100，將99改寫為100和補數-1，把乘法轉換為簡單的減法。將減法融入補數的概念，可以讓計算變得更快。而且，除了99，999和9999等，同樣也能改用1000和10000等計算。

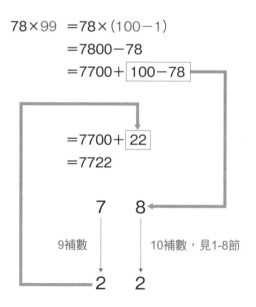

$$78 \times 99 = 78 \times (100 - 1)$$
$$= 7800 - 78$$
$$= 7700 + \boxed{100 - 78}$$
$$= 7700 + \boxed{22}$$
$$= 7722$$

7　　8

9補數　　　10補數，見1-8節

2　　2

運用10的倍數來計算！

練習

（1）65×99
$=65×（100-1）=6500-65=6435$

（2）13×99
$=13×（100-1）=1300-13=1287$

（3）98×99
$=98×（100-1）=9800-98=9702$

（4）23×999
$=23×（1000-1）$
$=23000-23$
$=22900+100-23=22977$

（5）438×999
$=438×（1000-1）$
$=438000-438$
$=437000+1000-438=437562$

（6）832×999
$=832×（1000-1）$
$=832000-832$
$=831000+1000-832=831168$

（7）35×9999
$=35×（10000-1）$
$=350000-35$
$=349900+100-35=349965$

上述的減法部分可運用1-8節「快速找補數」。

2-13 乘法練習10的倍數

$$① \ 44 \times ⑲ = 44 \times (⑳ - 1) = 880 - 44 = 836$$

遇到19的時候，變成10的倍數20再減1！

$$② \ 44 \times ㉑ = 44 \times (⑳ + 1) = 880 + 44 = 924$$

遇到21的時候，變成10的倍數20再減1！

　　這一節進一步延伸2-12節的觀念。如上例題，計算44×20絕對比44×19要簡單，馬上就能心算得到880。當然，實際上不是乘以20而是乘以19，所以算完還要減掉多乘的1倍。遇到不好計算的數字，可以像上面利用10的倍數計算乘法，不但快又正確。

練習

（1）57×29

$$= 57 \times (30 - 1) = 1710 - 57$$
$$= 1710 - 50 - 7 = 1660 - 7 = 1653$$

（2）57×31

$$= 57 \times (30 + 1) = 1710 + 57 = 1767$$

（3）125×51

$$= 125 \times (50 + 1) = 6250 + 125 = 6375$$

（4）64×19

$$= 64 \times (20 - 1) = 1280 - 64 = 1216$$

（5） 26×89　　　　$=26×（90-1）=2340-26=2314$

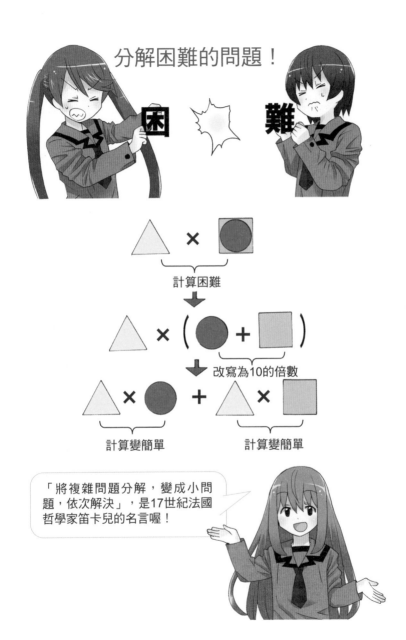

分解困難的問題！

困　難

計算困難

計算變簡單　　　計算變簡單

改寫為10的倍數

「將複雜問題分解，變成小問題，依次解決」，是17世紀法國哲學家笛卡兒的名言喔！

第 3 章

運用特定模式的
速算技巧

我們在第1章表示,速算技巧是「特效藥」。觀察
計算的過程,會發現有許多特殊的模式,可套用在
403×39這類題目快速求解。第3章介紹更多幫助
讀者快速計算的「特效藥」,立即上手,使你的計
算能力突飛猛進,令人刮目相看。

例題

$$23\times11=2\ \square\ 3=253$$

2+3

「2位數乘以11」是一種典型的速算模式。如例題「23×11」，被乘數23的個位數字3即為積的個位數，十位數字2則為積的百位數，被乘數23的個位數字和十位數字和（2＋3）則是積的十位數。當然，積的十位數如果是2位數就要進位，請請看下面的直式。

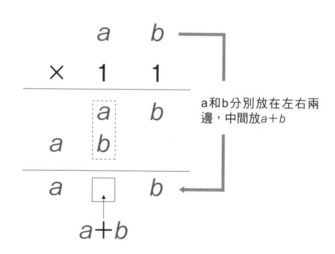

a和b分別放在左右兩邊，中間放a＋b

練習

(1)

```
      7   2
×   1   1
────────────
    7 9 2
```
↑
7+2

(2)

```
      8   7
×   1   1
────────────
    8 5 7
    1
────────────
    9 5 7
```
8+7

(3)

```
      4   8
×   1   1
────────────
    4 2 8
    1
────────────
    5 2 8
```
4+8

2位數拆成左右
兩邊，中間是2
位數的和喔！

(4)

$$53 \times 11 = 5\square3 = 583$$
↑
5+3

這個（2位數×11）模式並沒有結束，還有延伸。例如（3位數×11）和（4位數×11）都可以用這種模式輕鬆計算，方法和本節說明類似，所以這裡只介紹算法，學起來以後很好用。

❖ 3位數×11速算法

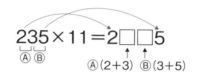

235×11，235有3個數字，其中2和5分別也是積的千位數和個位數。接下來，積的百位數，是235的百位數2加十位數3的和5，積的十位數則是235的十位數3加個位數5的和8。文字說明很複雜，看上圖算式可以很快理解。

（答）235×11＝2585

為了多練習，再做一個3位數×11的題目吧。

計算方法一樣，可以快速心算求得325×11＝3575，另注意是否有進位。

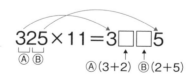

❖ 4位數×11速算法

這個速算技巧也可以用來算4位數×11、5位數×11等等。4位數例題如下：

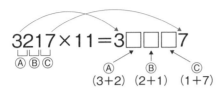

這題如果用文字說明會很複雜，所以直接看上圖式子比較清楚。將3217（要乘以11的數）兩端的千位數和個位數，分別移動到答案的萬位數和個位數，接著如式子步驟進行加法運算即可。

（答）3217×11＝35387

下面的4位數×11例子有進位。這題可用同樣的方法速算，但3＋9＝12、9＋6＝15的部分需要另外進位，答案如下：

$$3961×11＝3\square\square\square1$$

萬位數→3、千位數→(3＋9)＝12

百位數→(9＋6)＝15、十位數→(6＋1)＝7、個位數→1

（答）3961×11＝43571

例題

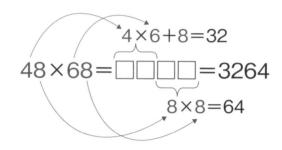

$$4 \times 6 + 8 = 32$$
$$48 \times 68 = \boxed{}\boxed{}\boxed{}\boxed{} = 3264$$
$$8 \times 8 = 64$$

　　相信大家都會覺得2位數的乘法比較難，1位數的乘法比較簡單。如例題所示，計算2位數的48×68相乘很麻煩，但4×6＋8＝32和8×8＝64一看就很簡單。

48×68分解以後好算多了。

　　當然這個方法不是每一個題目都適用，只能用在十位數和為10、個位數字相同的2位數乘法計算。換句話說，答案的百位數是兩個補數的積加上個位數，十位數和個位數則是個位數的平方。

練習

（1）32×72

（2）47×67

（3）44×64

（4）83×23

（5）59×59

❖ 計算原理

被乘數和乘數，表示為$10a+c$、$10b+c$，條件是$a+b=10$

和為10　　　數字相同

$$(10a+c)(10b+c)$$

$$=100ab+10c(a+b)+c^2$$

—10

$$=100ab+100c+c^2$$

$$=100(ab+c)+c^2$$

例題

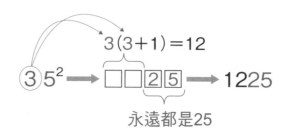

❖ 計算原理

$$(10a+5)^2$$

$$=100a^2+2×5×10a+25$$

$$=100a^2+100a+25$$

$$=100a(a+1)+25$$

　　會背九九乘法的人，可以很快說出$7^2=49$、$9^2=81$，但遇到計算2位數的平方（2次方），卻覺得困難。如果2位數的個位數是5的平方，可利用心算的速算技巧，因為答案的後2位數一定是25，百位以上則是

（個位以上的數）×（個位以上的數＋1）

　　如果遇到10的倍數，3位數的平方計算則比較簡單。

練習

(1) 15^2

$$\overset{1(1+1)=2}{=\overbrace{\boxed{}}\boxed{2}\boxed{5}}=225$$

(2) 75^2

$$\overset{7(7+1)=56}{=\overbrace{\boxed{}\boxed{}}\boxed{2}\boxed{5}}=5625$$

(3) 45^2

$$\overset{4(4+1)=20}{=\overbrace{\boxed{}\boxed{}}\boxed{2}\boxed{5}}=2025$$

(4) 95^2

$$\overset{9(9+1)=90}{=\overbrace{\boxed{}\boxed{}}\boxed{2}\boxed{5}}=9025$$

(5) 115^2

$$\overset{11(11+1)=132}{=\overbrace{\boxed{}\boxed{}\boxed{}}\boxed{2}\boxed{5}}=13225$$

(6) 405^2

$$\overset{40(40+1)=1640}{=\overbrace{\boxed{}\boxed{}\boxed{}\boxed{}}\boxed{2}\boxed{5}}=164025$$

(7) 495^2

$$\overset{49(49+1)=2450}{=\overbrace{\boxed{}\boxed{}\boxed{}\boxed{}}\boxed{2}\boxed{5}}=245025$$

(8) 995^2

$$\overset{99(99+1)=9900}{=\overbrace{\boxed{}\boxed{}\boxed{}\boxed{}}\boxed{2}\boxed{5}}=990025$$

例題

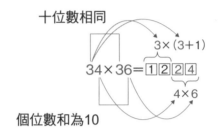

這一節要介紹的是2位數乘以2位數的乘法計算，其中「十位數相同、個位數和為10」的情況，形式上是3-3節的延伸。此時，答案的百位數以上是（十位數字）×（十位數字＋1），答案的後2位數字則是被乘數與乘數的個位數相乘。

而且，這個方法除了可以用來計算「十位數字相同」的乘法。如下頁的練習題(3)所示的三位數乘法，符合個位數字和為10，「十位以上數字相同」也適用。

a×(a＋1)的計算很重要喔！

練習

(1) 43×47

$$4 \times (4+1) = 20$$

$= \boxed{}\boxed{}\boxed{2}\boxed{1} = 2021$

3×7

(2) 72×78

$$7 \times (7+1) = 56$$

$= \boxed{}\boxed{}\boxed{1}\boxed{6} = 5616$

2×8

(3) 303×307

$$30 \times (30+1) = 930$$

$= \boxed{}\boxed{}\boxed{}\boxed{2}\boxed{1} = 93021$

3×7

❖ 計算原理

被乘數和乘數，表示為$10a+b$、$10a+c$，條件是$b+c=10$

數字相同　　和為10

$$(10a+b)(10a+c)$$

$$=100a^2+10a(b+c)+bc$$

$$=100a(a+1)+bc$$

（$b+c=10$）

3-5 乘法計算「個位數字和為10，其他位數數字相同」

例題

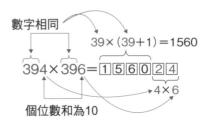

被乘數和乘數「個位數和為10，其他位數數字相同」的2位數相乘速算技巧，延伸自先前3-4節介紹的方法。首先，答案的後2位數是被乘數和乘數的個位數相乘，答案後2位以上的位數，則是以被乘數和乘數個位數字以外的數，加上1自乘，也就是說，要連續計算2個整數乘法。這個方法要在連續2個整數的乘積可以快速求得，才會發揮威力，因為運算有所限制，無法保證可以像3-4節一樣快速算出答案。

練習

(1) 405^2

$$40 \times (40+1) = 1640$$

$= \boxed{}\boxed{}\boxed{}\boxed{}\boxed{2}\boxed{5} = 164025$

5×5

(2) 902×908

$$90 \times (90+1) = 8190$$

$= \boxed{}\boxed{}\boxed{}\boxed{}\boxed{1}\boxed{6} = 819016$

2×8

(3) 114×116

$$11 \times (11+1) = 132$$

$= \boxed{}\boxed{}\boxed{}\boxed{2}\boxed{4} = 13224$

4×6

(4) 143×147

$$14 \times (14+1) = 210$$

$= \boxed{}\boxed{}\boxed{}\boxed{2}\boxed{1} = 21021$

3×7

(5) 593×597

$$59 \times (59+1) = 3540$$

$= \boxed{}\boxed{}\boxed{}\boxed{}\boxed{2}\boxed{1} = 354021$

3×7

3-6 乘法計算「後2位數和為100，其他位數數字相同」

例題

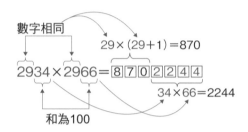

前面3-5節介紹了被乘數和乘數「個位數和為10，其他位數數字相同的數」，這一節提昇一個層次來思考「後2位數和為100，其他位數數字相同」。和3-5節一樣，答案的後4位數是被乘數與乘數兩者的後2位數相乘，後4位數以上的位數則是「（相同數字）×（相同數字＋1）」。

兩者的差別在於後2位數，而且後2位數互為補數（相加等於100）。

練習

(1) 152×148 　$=\Box\Box\Box\Box\Box=22496$

$1 \times (1+1)=2$

$52 \times 48 = 2496$
$\parallel$
$(50+2)(50-2)=50^2-2^2=2500-4$

（註）運用下面3-7節的技巧

(2) 652×648 　$=\Box\Box\Box\Box\Box=422496$

$6 \times (6+1)=42$

$52 \times 48 = 2496$

與(1)相同

(3) 3052×3048 　$=\Box\Box\Box\Box\Box\Box=9302496$

$30 \times (30+1)=930$

$52 \times 48 = 2496$

與(1)相同

(4) 7059×7041 　$=\Box\Box\Box\Box\Box\Box\Box=49702419$

$70 \times (70+1)=4970$

$59 \times 41 = 2419$

運用2-13節的技巧，$59 \times (40+1)$
$=2360+59$
$=2419$

（註）解決高位數不易計算的問題。

3-7　平均數恰好為10倍數的乘法

例題

┌答案就是（1600－1）！
│
▼
$$\textcircled{41} \times \textcircled{39} = (40+1)(40-1) = 40^2 - 1^2$$

平均恰好為10
倍數「40」

運用公式（m＋n）
（m－n）＝m²－n²

還記得國中時學過以下的公式嗎：

$$(m+n)(m-n) = m^2 - n^2$$

這就是本節的計算技巧。如例題所示，首先注意41和39的平均數為10的倍數40，接著運用40和41及39的差±1，將41×39改寫為（40＋1）（40－1），套入公式得到1600－1，快速計算。

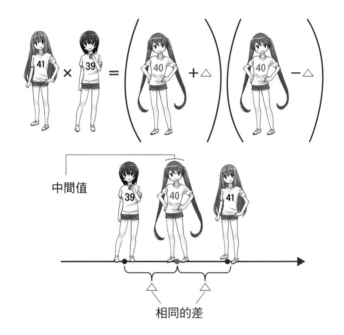

練習

（1）11×9 　　　　　$=（10+1）（10-1）=10^2-1^2=100-1=99$

（註）雖然不需要用到前一頁的技巧也能計算答案，還是練習一下。

（2）14×16 　　　　　$=（15-1）（15+1）=15^2-1^2=225-1=224$

（3）51×49 　　　　　$=（50+1）（50-1）=50^2-1^2=2500-1=2499$

（4）99×101 　　　　$=（100-1）（100+1）=100^2-1^2=10000-1=9999$

（5）403×397 　　　$=（400+3）（400-3）=400^2-3^2=160000-9$
　　　　　　　　　　$=159991$

（6）310×290 　　　$=（300+10）（300-10）=300^2-10^2=90000-100$
　　　　　　　　　　$=89900$

（7）611×589 　　　$=（600+11）（600-11）=600^2-11^2=360000-121$
　　　　　　　　　　$=359879$

參考　運用乘法公式變形，將$a×b$轉換為和與差相乘的公式

給定a與b，運用乘法公式可將$a×b$改寫為和與差的積。

$$a×b=\left(\frac{a+b}{2}+\frac{a-b}{2}\right)\left(\frac{a+b}{2}-\frac{a-b}{2}\right)$$

3-8　運用10的倍數計算平方

例題

$$13^2 = \boxed{(13-3)}\,\boxed{(13+3)} + 3^2$$

運用「10的倍數」計算平方
（此處將左邊的數變成10）

　　求某數的平方，也就是2次方的時候，1位數的話還好，2位數就比較困難，像73^2就有些麻煩。但我們可將平方寫成：

$$m^2 = （m-n）（m+n）+ n^2$$
$$m^2 = （m+n）（m-n）+ n^2$$

　　此處的m加上或減掉適當的數n，也就是將m＋n或m－n其中一位轉換成整數10或100，此時無論另一位數是多少，乘以10或100都變得輕而易舉，最後再加n^2就能求得答案。

$$13^2 = 13 \times 13$$

減掉3變成
整數10

因為減去3，
所以要加回來

$$(13-3) \times (13+3) + 3^2$$

因為（13－3）（13＋3）＝$13^2 - 3^2$，所以要加3^2

$$= 10 \times 16 + 3^2 = 160 + 3^2 = 169$$

練習

（1）11^2 = （11-1）（11+1）+1^2 = 10×12+1 = 120+1 = 121

（2）12^2 = （12-2）（12+2）+2^2 = 10×14+4 = 140+4 = 144

（3）13^2 = （13-3）（13+3）+3^2 = 10×16+9 = 160+9 = 169

（4）14^2 = （14-4）（14+4）+4^2 = 10×18+16 = 180+16 = 196

（5）15^2 = （15-5）（15+5）+5^2 = 10×20+25 = 200+25 = 225

（6）16^2 = （16+4）（16-4）+4^2 = 10×24+16 = 240+16 = 256

（7）17^2 = （17-7）（17+7）+7^2 = 10×24+49 = 240+49 = 289

（8）18^2 = （18-8）（18+8）+8^2 = 10×26+64 = 260+64 = 324

（9）19^2 = （19-9）（19+9）+9^2 = 10×28+81 = 280+81 = 361

（10）41^2 = （41-1）（41+1）+1^2 = 40×42+1 = 1680+1 = 1681

（11）99^2 = （99+1）（99-1）+1^2 = 100×98+1 = 9800+1 = 9801

（12）67^2 = （67+3）（67-3）+3^2 = 70×64+9 = 4480+9 = 4489

（13）301^2 = （301-1）（301+1）+1^2 = 300×302+1 = 90600+1
= 90601

3-9　乘法計算：接近100的數

例題

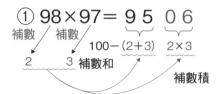

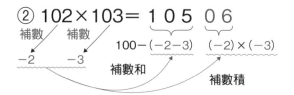

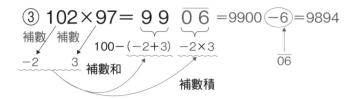

　　計算接近100的數相乘，有非常好用的方法。接近100的數，補數大多是1位數，所以可運用補數和與積來進行乘法運算。

Ⓐ 答案的後2位數……補數積

Ⓑ 其他位數……100－（補數和）

　　例題 ①兩個補數皆為正，②兩個補數皆為負，③兩個補數為一正一負，此三種情況都適用Ⓐ和Ⓑ的計算方法。

但是，由於例題③補數積為負數，為了避免忘記，可在數字上方加一條橫線標示（例如$\overline{06}$），之後再減掉。

另外，若基準數是1000、10000等，也可以用相同方法計算，此時（基準數位數－1）的位數部分為補數積。

練習

（1）$95×98=\underline{9310}$

$$100-(5+2) \qquad 5×2$$

補數為5和2。

（2）$101×102=\underline{10302}$

$$100-(-1-2) \qquad (-1)×(-2)$$

補數為－1和－2。

（3）$95×101=\underline{96\overline{05}}=9595$

$$100-(5-1) \qquad 5×(-1)$$

補數為5和－1。$\overline{05}$的意思是$-05=-5$。也就是說，$96\overline{05}=9600-5=9595$

（4）$995×998=\underline{993010}$

$$1000-(5+2) \qquad 5×2$$

基準數是4位數1000，所以答案的後3位數（4位數－1）為補數5和2的積，也就是10。

（5）$10002×10003=\underline{100050006}$

$$10000-(-2-3) \qquad (-2)×(-3)$$

基準數是5位數10000，所以答案的後4位數（5位數－1）為補數－2和－3的積，也就是6。

3-10 如何心算「6位數的立方根」？

例題

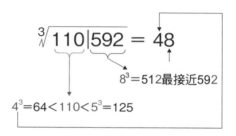

$$\sqrt[3]{110|592} = 48$$

$8^3=512$最接近592

$4^3=64<110<5^3=125$

　　某數a的立方根（3次方根），表示3次方（連乘3次）之後為a，寫為$\sqrt[3]{a}$。手算開立方根的技巧很厲害，卻很困難。然而，若題目已設定整數a的立方根也是「整數」，則可用本節的方法。來研究一下這種情況下可以使用的速算吧，考試時也常遇到整數求解立方根的題目。

　　上述例題中，假設已知110592的立方根為整數，此時求立方根，也就是3次方根的步驟如下。設答案的十位數為m，個位數為n。

①將110592從最低位數開始，每3位分一段。
$$110 \mid 592$$

②分段完畢，先來看高位數110，找出連乘3次不超過110的最大整數m，由於$4^3=64$、$5^3=125$，所以m＝4。

③接著來看低位數592，找出連乘3次個位數和592一樣是2的1位數n，只有n＝8。

依上述步驟可得 $\sqrt[3]{110592}=48$。另外，上面步驟②和③求n值時，熟悉下列的3次方數很有用，不必背起來，但最好有點印象。

$1^3=1$　　　　$6^3=216$

$2^3=8$　　　　$7^3=343$

$3^3=27$　　　$8^3=512$

$4^3=64$　　　$9^3=729$

$5^3=125$　　$10^3=1000$

個位數從0～9都有，每個不一樣耶！

練習

下列數字的立方根皆為整數，試求立方根。

（1）389017

　　389│017

　　找出連乘3次不超過389的最大整數m，由於 $7^3=343$、$8^3=512$，所以m＝7。接著找出連乘3次個位數和017一樣是7的1位數n，n＝3。因此，$\sqrt[3]{389017}=73$

（2）39304

　　39│304

　　找出連乘3次之後不超過39的最大整數m，m＝3。接著找出連乘3次個位數和304一樣是4的1位數n，n＝4。因此，$\sqrt[3]{39304}=34$

第 4 章

計算速度倍增
的訣竅

乘法很難,但加法很簡單;減法容易算錯,加法
卻很輕鬆。只要運用一些秘訣,如改變運算順序
或符號等等,就不用再為了進位傷腦筋,計算變
得超簡單。這一章就來傳授這些絕招。

4-1 分解因數，簡化乘法運算

例題

分解為因數相乘

$$35 \times \boxed{42} = 35 \times \boxed{2 \times 21} = 70 \times 21$$

湊成10的倍數

$$= 1470$$

　　數字很大的乘法計算，如果沒有受過相當的心算訓練，很難算對。然而，若其中一個數比較小，則心算是可行的。這便是本節「將被乘數或乘數其中一個進行因數分解，變成較小的數再相乘」技巧的來源。

　　上面例題35×42的乘法計算，若將35直接乘以42很難心算求解，但是，35乘以42（＝2×3×7）的因數2就很簡單。35乘以2等於70，再乘以剩下的因數21即可。如果還是覺得不好算，可乘以21的因數3，最後再乘以7就大功告成。

分解因數，尋找容易相乘的算法！

$$\blacksquare \times \blacktriangle = e \times f \times g \times h \times a \times b \times c$$

練習

（1）32×6　　$= 32 \times 2 \times 3 = 64 \times 3 = 192$

（2）52×25　　$= 4 \times 13 \times 25 = 13 \times 100 = 1300$

（3）12×45　　$= 4 \times 3 \times 3 \times 15 = 60 \times 9 = 540$

（4）22×95　　$= 2 \times 11 \times 5 \times 19 = 10 \times \underline{11 \times 19}$
$= 10 \times 209 = 2090$

（註）11×19的算法參照3-1節。

（5）532×4　　$= 532 \times 2 \times 2 = 1064 \times 2 = 2128$

（6）75×36　　$= 3 \times 25 \times 4 \times 9 = 3 \times 9 \times 100 = 2700$

（7）62×35　　$= 2 \times 31 \times 5 \times 7 = 31 \times 7 \times 10 = 2170$

乘法速算技巧總動員！

例題

$$84 \times 0.75 = 84 \times \frac{3}{4} = 84 \div 4 \times 3$$
$$= 21 \times 3 = 63$$

　　小數乘法通常不太好算，因此可將小數變化為分數再計算，事半功倍。遇到例題中0.75這種0.05的倍數時，尤其推薦使用這種方法。由於$0.75 = \frac{3}{4}$，因此乘以0.75的時候，可以先除以4再乘以3，也可以先乘以3再除以4。

　　想要熟練這個技巧，不妨看看下列小數與分數的關係：

$$0.05 = \frac{1}{20} \qquad\qquad 0.55 = \frac{11}{20}$$

$$0.15 = \frac{3}{20} \qquad\qquad 0.65 = \frac{13}{20}$$

$$0.25 = \frac{5}{20} = \frac{1}{4} \qquad\qquad 0.75 = \frac{15}{20} = \frac{3}{4}$$

$$0.35 = \frac{7}{20} \qquad\qquad 0.85 = \frac{17}{20}$$

$$0.45 = \frac{9}{20} \qquad\qquad 0.95 = \frac{19}{20}$$

　　這些小數與分數的關係，可以統整為下頁的概念：

「分母是20，分子是小數乘以20所得的數」

（例1）滿足$0.45＝\dfrac{x}{20}$的x＝$0.45×20＝9$

（例2）滿足$0.95＝\dfrac{x}{20}$的x＝$0.95×20＝19$

因為要除以20，所以先乘以20反推回去……思考方式如上。

練習

（1）$380×0.95$　　　　$＝380×\dfrac{19}{20}＝19×19＝361$

（2）$14×0.15$　　　　$＝14×\dfrac{3}{20}＝0.7×3＝2.1$

（3）$120×0.35$　　　　$＝120×\dfrac{7}{20}＝6×7＝42$

（4）$36×0.25$　　　　$＝36×\dfrac{1}{4}＝9$

（5）$36×0.45$　　　　$＝36×\dfrac{9}{20}＝1.8×9＝16.2$

（6）$135×0.4$　　　　$＝135×\dfrac{2}{5}＝27×2＝54$

4-3 遇到除以 5，可先乘以 2 再除以 10

例題

$$130\boxed{\div 5}=130\boxed{\times 2\div 10}=26$$

$$325\boxed{\div 25}=325\boxed{\times 4\div 100}=13$$

$$1125\boxed{\div 125}=1125\boxed{\times 8\div 1000}=9$$

前面4-2節介紹的「乘法→除法」技巧屬於特例，一般而言乘法比除法容易計算。幸好，5、25、125的除法運算可以轉換成簡單的乘法，因為除以5($=\dfrac{10}{2}$)等於乘以$\dfrac{10}{2}$的倒數，也就是先乘以2再除以10。同理，除以25是先乘以4再除以100，除以125則是先乘以8再除以1000。雖然要多做10、100、1000的除法運算，但計算並不複雜，只要移動位數就好。

另外，「先乘以2再除以10」和「先除以10再乘以2」在計算是一樣的，依情況也可以自由選擇。

速算要隨機應變喔！

練習

$$130\div 5=130\times 2\div 10=13\times 2$$
$$=26$$

（1）17÷5　　　　　=17×2÷10=34÷10=3.4

（2）76÷5　　　　　=76×2÷10=152÷10=15.2

（3）843÷5　　　　=843×2÷10=1686÷10=168.6

（4）4113÷5　　　=4113×2÷10=8226÷10=822.6

（5）175÷25　　　=175×4÷100=700÷100=7

（6）432÷25　　　=432×4÷100=1728÷100=17.28

（7）1113÷25　　=1113×4÷100=4452÷100=44.52

（8）6000÷25　　=6000×4÷100=24000÷100=240

（9）22500÷25　=225×100×4÷100=900

（10）31÷125　　=31×8÷1000=248÷1000=0.248

（11）112÷125　=112×8÷1000=896÷1000=0.896

（12）111000÷125　=111×1000×8÷1000=888

4-4 遇到除以4，可除以2兩次

例題

$$1300 \div 4 = 1300 \div 2 \div 2 = 650 \div 2$$

$$992 \div 8 = 992 \div 2 \div 2 \div 2 = 496 \div 2 \div 2 = 248 \div 2$$

除以4，就是「除以2，再除以2」。一般而言除以2比除以4容易，因此遇到除以4的計算，試著除以2兩次看看。

同理，除以8是「除以2、除以2、再除以2」，除以2三次就是除以8。如果覺得8的除法運算很困難，一步一步慢慢來，除以2三次即可。

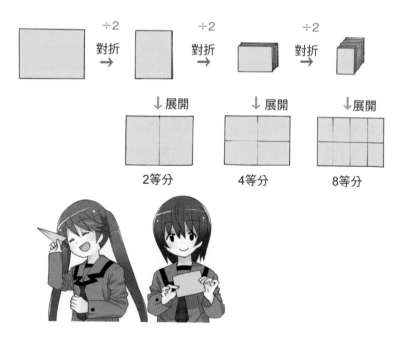

練習

（1）$18 \div 4$
$= 18 \div 2 \div 2 = 9 \div 2 = 4.5$

（2）$224 \div 4$
$= 224 \div 2 \div 2 = 112 \div 2 = 56$

（3）$274 \div 4$
$= 274 \div 2 \div 2 = 137 \div 2 = 68.5$

（4）$1060 \div 4$
$= 1060 \div 2 \div 2 = 530 \div 2 = 265$

（5）$1300 \div 4$
$= 1300 \div 2 \div 2 = 650 \div 2 = 325$

（6）$192 \div 8$
$= 192 \div 2 \div 2 \div 2 = 96 \div 2 \div 2 = 48 \div 2 = 24$

（7）$360 \div 8$
$= 360 \div 2 \div 2 \div 2 = 180 \div 2 \div 2$
$= 90 \div 2 = 45$

（8）$992 \div 8$
$= 992 \div 2 \div 2 \div 2 = 496 \div 2 \div 2 = 248 \div 2$
$= 124$

（9）$1400 \div 8$
$= 1400 \div 2 \div 2 \div 2 = 700 \div 2 \div 2$
$= 350 \div 2 = 175$

（10）$5472 \div 16$
$= 5472 \div 2 \div 2 \div 2 \div 2 = 2736 \div 2 \div 2 \div 2$
$= 1368 \div 2 \div 2 = 684 \div 2 = 342$

4-5　遇到難以計算的除法，分成 2 次或 3 次除

例題

被除數　除數

$$480 \div 32 = (480 \div 8) \div 4 = 60 \div 4 = 15$$

8×4

除第1次　除第2次

　　除法運算上，除數愈大計算愈困難，因此可分解「除數」再來計算。從下列算式可見，除法運算不論分解幾次都沒問題：

$$16 = 2 \times 8 \quad \text{所以}$$

$$240 \div 16 = 240 \div (8 \times 2)$$

$$= (240 \div 8) \div 2 = 30 \div 2 = 15$$

　　但是，分解愈多次，除法運算就愈多。

　　像這樣將除法運算分解為很多次的時候，有一點需要注意：不可以像下列的例子一樣先計算中間的除法。運算順序一律是由左而右，下面的計算就是一個錯誤的示範：

$$6 \div 2 \div 3 = 6 \div (2 \div 3) = 6 \div \frac{2}{3} = 6 \times \frac{3}{2} = 9$$

（原題正確答案是1）

練習

（1）168÷14

$=168÷（2×7）$
$=（168÷2）÷7=84÷7=12$

（2）270÷45

$=270÷（9×5）$
$=（270÷9）÷5=30÷5=6$

（3）575÷115

$=575÷（5×23）$
$=（575÷5）÷23=115÷23=5$

（4）726÷66

$=726÷（6×11）$
$=（726÷6）÷11=121÷11=11$

（5）1080÷72

$=1080÷（2×6×6）$
$=（1080÷2）÷6÷6=540÷6÷6$
$=90÷6=15$

除1次很難算，可分成2、3次除！

4-6　動動手調整算式，把計算變簡單

例題

$$45 \times 32 \div 9 = 45 \div 9 \times 32 = 5 \times 32 = 160$$

順序調整

變簡單了！

　　一般而言，計算順序是先「乘、除」後「加、減」，由左而右進行運算。當然，有（　）的時候（　）內部要先處理。只要不違反這些規則，可以隨意調整計算的順序。

$$a \boxed{\times b \div c} = \frac{a \times b}{c}$$

順序調整

$$= \frac{a}{c} \times b = a \boxed{\div c \times b}$$

　　在最上面的例題，調換了「×32」和「÷9」的順序，但要小心不要只把「32」和「9」交換，會變成 $45 \times 32 \div 9 \neq 45 \times 9 \div 32$。「×32」和「÷9」，注意必須連同符號一起移動。

練習

（1）$45 \times 32 \div 90$

$=45 \div 90 \times 32 = \frac{1}{2} \times 32 = 16$

（2）$490 \times 12 \div 98$

$=490 \div 98 \times 12 = 5 \times 12 = 60$
心算490乘以12再除以98並不容易，但是
改變一下順序就簡單多了

（3）$35 \times 68 \div 5$

$=35 \div 5 \times 68 = 7 \times 68 = 476$

（4）$18 \times 44 \div 3$

$=18 \div 3 \times 44 = 6 \times 44 = 264$

（5）$225 \times 8 \div 15$

$=225 \div 15 \times 8 = 15 \times 8 = 120$

（6）$169 \times 12 \div 13$

$=169 \div 13 \times 12 = 13 \times 12$
$=(12+1) \times 12 = 12 \times 12 + 12$
$=144 + 12 = 156$

（7）$25 \div 125 \times 40$

$=25 \times 40 \div 125 = 1000 \div 125 = 8$

（8）$5 \div 100 \times 88$

$=5 \times 88 \div 100 = 440 \div 100 = 4.4$

請注意：
$a+b=b+a$
$a-b \neq b-a$
$a \times b = b \times a$
$a \div b \neq b \div a$

4-7　3位數除以9的速算

例題

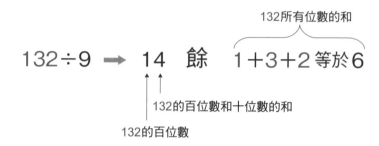

$$132÷9 \Rightarrow 14 \quad 餘 \quad 1+3+2 等於6$$

132所有位數的和

132的百位數和十位數的和

132的百位數

　　3位數除以9的時候，可採用下列的方法進行快速計算：

①商的十位數，為被除數的百位數。

②商的個位數，為被除數的百位數和十位數的和。但如果和是2位數，就要進位到商的十位數。

③被除數的所有位數相加即為餘數。但若數字比除數大，必須再除以除數，將商進位如步驟②，剩下的才是正確的餘數。

實際計算會遇到進位，所以不妨反過來照步驟③、②、①順序計算。

練習

(1) $123 \div 9$ ➡ **13** 餘　　$1+2+3=6$

商為13，
餘數為6

②$1+2=3$

①百位數的1

③$2+8+1=11$除以9，商為1，餘為2

(2) $218 \div 9$ ➡ **24** 餘　　$2+8+1$ 除以9餘2

商為24，
餘數為2

②$2+1=3$再加上③的商1等於4

①百位數的2

③$6+1+9=16$除以9，商為1，餘為7

(3) $619 \div 9$ ➡ **68** 餘　　$6+1+9$ 除以9餘7

商為68，
餘數為7

②$6+1=7$再加上③的商1等於8

①百位數的6

③$7+8+9=24$除以9，商為2，餘為6

(4) $789 \div 9$ ➡ **87** 餘　　$7+8+9$ 除以9餘6

商為87，
餘數為6

②$7+8=15$再加上③的商2等於17

①百位數的7再加上②十位數的進位1等於8

❖ 4位數除以9

除了3位數，4位數也可以連算求餘數。算法完全相同，但像下面 8795÷9這類題目，由於進位很多，依照「餘①①'→個位②②'→十位 ③③'→百位④④'」照這個順序反過來計算比較輕鬆。

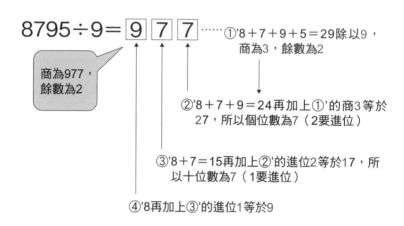

$8795÷9=\boxed{9}\ \boxed{7}\ \boxed{7}$ ……①'8＋7＋9＋5＝29除以9，商為3，餘數為2

商為977，餘數為2

②'8＋7＋9＝24再加上①'的商3等於27，所以個位數為7（2要進位）

③'8＋7＝15再加上②'的進位2等於17，所以十位數為7（1要進位）

④'8再加上③'的進位1等於9

❖ 5位數除以9的情況

5位數也適用同樣的方法，但位數愈多，進位可能性愈大，所以也 建議從餘數開始反過來計算（①'→②'→③'→④'→⑤'）。

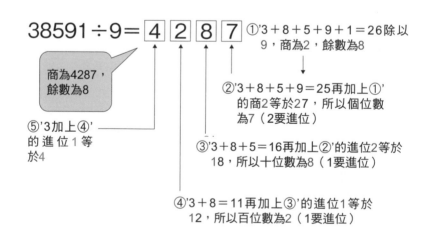

$38591÷9=\boxed{4}\ \boxed{2}\ \boxed{8}\ \boxed{7}$ ①'3＋8＋5＋9＋1＝26除以9，商為2，餘數為8

商為4287，餘數為8

②'3＋8＋5＋9＝25再加上①'的商2等於27，所以個位數為7（2要進位）

⑤'3加上④'的進位1等於4

③'3＋8＋5＝16再加上②'的進位2等於18，所以十位數為8（1要進位）

④'3＋8＝11再加上③'的進位1等於12，所以百位數為2（1要進位）

4-8　常用的2位數平方

例題

$11^2 \rightarrow 121$　　　$16^2 \rightarrow 256 \cdots\cdots 2^8$

$12^2 \rightarrow 144$　　　$17^2 \rightarrow 289$

$13^2 \rightarrow 169$　　　$18^2 \rightarrow 324$

$14^2 \rightarrow 196$　　　$19^2 \rightarrow 361$

$15^2 \rightarrow 225$

　　熟悉上述的平方數，應用在速算上很方便。應用例如下：

（1）$15 \times 16 = 15 \times (15+1) = 15^2 + 15 = 225 + 15 = 240$

　　　　　　　　　……可以應用在連續2個整數的乘法運算

（2）$14 \times 16 = (15-1)(15+1) = 15^2 - 1 = 225 - 1 = 224$

　　　　　　　　　……可以應用在3-7節

（3）$18 \times 16 = (17+1)(17-1) = 17^2 - 1 = 289 - 1 = 288$

　　　　　　　　　……可以應用在3-7節

速算原來結合了這麼多技巧！

4-9 運用補數「減法變加法」

例題

$$532 - 87 = 532 + 13 - 100$$

87的補數　基準數

　　一般而言加法比減法好算，把減法變成加法有利於速算，事實上可以運用補數來實現這個方法。如上述例題為減87，此時視為減基準數100，再加上100的補數13即可。雖然要減掉100，但100計算起來容易多了。

y 的補數　　　y

＋　　　＝基準數

y的補數　　　　　　　y

－　基準數　＝－

此外，藉由下面的方法，可以輕鬆心計算減數的補數。

87

相加等
於9

相加等
於10

13

練習

（1）926－97

$=926+3-100=929-100=829$

（2）984－665

$=984+35-700=1019-700=319$

（3）123－62

$=123+38-100=161-100=61$

（4）532－83

$=532+17-100=549-100=449$

（5）438－296

$=438+4-300=442-300=142$

（6）10000－96

$=10000+4-100=9900+4=9904$
（註）也可以寫為$10004-100$，但10000
比較不容易算錯。

（7）1100－762

$=1100+238-1000=1338-1000=338$

（8）13687－4265

$=13687+5735-10000$
$=13687+6000-265-10000$
$=19687-265-10000$
$=19422-10000=9422$

4-10 利用補數「快速減法」

例題

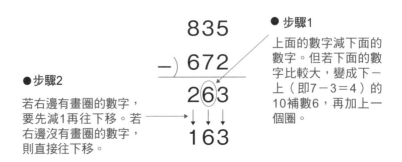

●步驟1
上面的數字減下面的數字。但若下面的數字比較大，變成下－上（即7－3＝4）的10補數6，再加上一個圈。

●步驟2
若右邊有畫圈的數字，要先減1再往下移。若右邊沒有畫圈的數字，則直接往下移。

　減法的速算障礙是「借位」。在正面攻擊法中，首先看被減數與減數的個位數，用上面的數字減下面的數字。但是，若下面的數字比較大，必須從十位借1過來減（也就是借位）。

　按照這樣的方式，繼續計算十位、百位……直到求出答案。這種正面攻擊法，遇到下面數字比上面數字大的情況就要借位，實在很麻煩。因此以下的技巧就應運而生：

①每一位數都是上面的數字減下面的數字（從哪一位開始都沒關係），但若下面的數字比較大，先用下面的數字減掉上面的數字，然後找這個數的10補數，再加上一個圈。如上面例題。

②任何位數的右邊有畫圈的數字，位數的數字要減1，若右邊沒有畫圈的數字，則保持不變。最後答案記得把圈拿掉。

　根據步驟①和②，即可快速求減法。

練習

(1)

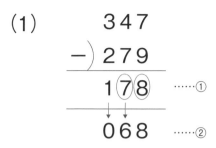

$$\begin{array}{r} 347 \\ -)\ 279 \\ \hline 1\,\textcircled{7}\,\textcircled{8} \quad \cdots\cdots\text{①}\\ \downarrow\ \downarrow\ \\ \hline 0\,6\,8 \quad \cdots\cdots\text{②} \end{array}$$

(2)

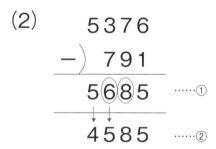

$$\begin{array}{r} 5376 \\ -)\ 791 \\ \hline 5\,\textcircled{6}\,\textcircled{8}\,5 \quad \cdots\cdots\text{①}\\ \downarrow\ \downarrow\ \\ \hline 4\,5\,8\,5 \quad \cdots\cdots\text{②} \end{array}$$

(3)

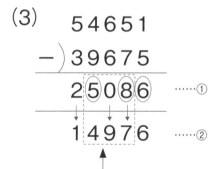

$$\begin{array}{r} 54651 \\ -)\ 39675 \\ \hline 2\,\textcircled{5}\,\textcircled{0}\,\textcircled{8}\,\textcircled{6} \quad \cdots\cdots\text{①}\\ \downarrow\ \downarrow\ \downarrow\ \\ \hline 1\,4\,9\,7\,6 \quad \cdots\cdots\text{②} \end{array}$$

若0的右邊有畫圈的數字，0不能減1，所以從左邊借10過來減1（變成9）。這個時候，別忘記0左邊的數字還要減1喔！

4-11 運用進位記號「·」提升加法運算效率

例題

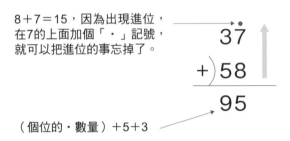

8＋7＝15，因為出現進位，在7的上面加個「·」記號，就可以把進位的事忘掉了。

37
＋)58
95

（個位的·數量）＋5＋3

　　簡單的加法也可以速算。進行加法運算時，將所有位數相加的過程中若需要進位，會變成較困難的二位數加法。因此出現進位時可在位數上方加上一個「·（點）」，把進位忘掉，如此一來就能照常進行加法，最後只要統計「·」的數量，即可知道進位的數字。上面的例題是由下往上加（印度式算法），當然也可以由上往下加，出現進位時同樣要在位數字上方加一個「·」。

　　在上面的例題中，首先將8和7相加得到15，15要進位，所以在7上面加「·」。暫時忘記進位，繼續進行下位數的加法。此時個位的計算已經結束，要在下面寫15的最後位數5。

　　接著，加在個位數字上面的「·」的數量（此處是1），要和十位數相加。和計算個位時相同，由下往上加，出現進位的時候要在那個位數上方加「·」。這個例子因為十位數沒有進位，個位的點數量1跟十位的5和3相加後等於9，寫在答案的十位。

練習

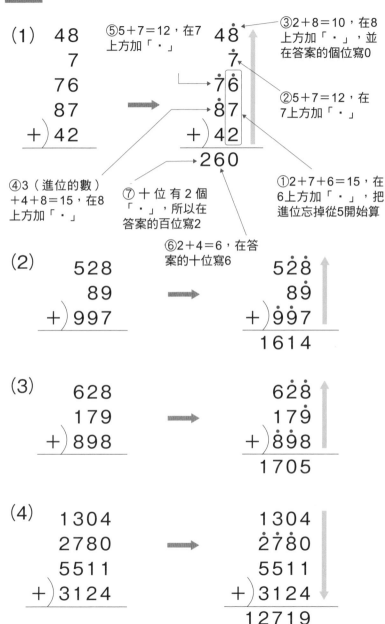

(1)

```
   48      ⑤5+7=12，在7        4̇8̇        ③2+8=10，在8
    7      上方加「·」           7̇        上方加「·」，並
   76                          7̇6̇        在答案的個位寫0
   87    ➡                     8̇7̇        ②5+7=12，在
+) 42                       +)  42        7上方加「·」
                              260
```

④3（進位的數）   ⑦十位有2個   ①2+7+6=15，在
+4+8=15，在8   「·」，所以在   6上方加「·」，把
上方加「·」   答案的百位寫2   進位忘掉從5開始算

⑥2+4=6，在答
案的十位寫6

(2)

```
   528            5̇2̇8
    89   ➡         89̇
+) 997         +) 9̇9̇7
               1614
```

(3)

```
   628            6̇2̇8
   179   ➡        17̇9̇
+) 898         +) 8̇9̇8
               1705
```

(4)

```
  1304           1304
  2780   ➡       2̇7̇8̇0
  5511           5511
+)3124         +)3124
              12719
```

4-12 遇到數字很大的加法，每兩位分段

例題

$$532842+629751 \longrightarrow$$

```
    5 3 2 8 4 2
+)  6 2 9 7 5 1
            9 3
        1 2 5
    1 1 5
    1 1 6 2 5 9 3
```

　　遇到數字很大的加法，一般算法都從個位開始一路加上去，但如果途中出現進位，要一邊處理進位一邊計算接下來的位數，容易算錯。針對這個問題的解決方法是：每兩位分一段，一次只處理一段的加法，最後答案取每兩位的和，同時注意進位。這個技巧可以將位數很多的兩數相加分解為較小段落，幫助快速運算。

練習

　　(1) 125732＋311847

```
    1 2 5 7 3 2
+)  3 1 1 8 4 7
            7 9      每兩位分一段
        7 5          進行計算
    4 3
    4 3 7 5 7 9
```

(2) 485429＋79257

```
    485429
+)   79257
        86
      146  ← 有進位也沒關係
    55
    564686
```

(3) 75192358＋69872475

```
    75192358
+)  69872475
         133
          47
      106
    144
    145064833
```

也可以每三位分一段，但是兩位算得比較快哦！

原來是這樣啊～

4-13　一般二位數乘法再進化

例題

$$34 \times 57 \rightarrow$$

$$
\begin{array}{r}
3\ 4 \\
\times)\ 5\ 7 \\
\hline
1\ 5\ \ 2\ 8 \\
\end{array}
$$

$\underbrace{3\times5}\quad\underbrace{4\times7}$ ……上下相乘

$$+\quad 4\ 1$$

$\underbrace{3\times7+5\times4}$ ……交叉相乘再相加

$$1\ 9\ 3\ 8$$

　　二位數和二位數的乘法運算，如上面例題所示，分別計算個位數相乘和十位數相乘的值，再加上個位數與十位數交叉相乘的和，就是答案。只要重複計算多次1位數的乘法就好，不需要因為途中出現進位而傷腦筋，可以算得很快。

為什麼要握手啊……

「交叉相乘再相加」，也就是交叉相乘的和，在數學上真的很常見喔！

練習

(1)
```
        2   1
          ╳
    ×)  4   2
2×4 ┌0  8┐┌0  2┐ 1×2
    +) ┌0  8┐ 2×2+4×1
        8   8   2
```

(2)
```
        1   2
          ╳
    ×)  3   4
1×3 ┌0  3┐┌0  8┐ 2×4
    +) ┌1  0┐ 1×4+2×3
        4   0   8
```

(3)
```
        1   1
          ╳
    ×)  1   2
        0   1   0   2
    +)  0   3
        1   3   2
```

(4)
```
        9   1
          ╳
    ×)  8   2
        7   2   0   2
    +)  2   6
        7   4   6   2
```

(5)
```
        7   9
          ╳
    ×)  8   7
        5   6   6   3
    +)  1   2   1
        6   8   7   3
```

(6)
```
        9   9
          ╳
    ×)  9   8
        8   1   7   2
    +)  1   5   3
        9   7   0   2
```

4-14 「三位數×一位數」進位計算練習

例題

$$\begin{array}{r} 3\ 8\ 7 \\ \times)\qquad\quad 6 \\ \hline 1\ 8\quad 4\ 2 \\ \underbrace{3\times6}\quad\underbrace{7\times6} \\ +\quad 4\ 8 \\ \underbrace{8\times6} \\ \hline 2\ 3\ 2\ 2 \end{array}$$

　　「三位數×一位數」和「二位數×二位數」都可以速算。如例題所示,首先,三位數的百位數3和個位數7分別乘以一位數的6,得到的值寫在線下面第一行。接著,剩下來三位數的十位數8和一位數的6相乘,寫在下一行中間。最後將上下兩行相加就大功告成。

　　這個算法乍看之下很複雜,優點是過程中不需要擔心進位,只要運用九九乘法就可以順利計算。

不用擔心,進位超輕鬆!

「888」三個數字不同的顏
色，分別對應「48」
「48」「48」的顏色喔！

練習

(1)
```
      8 8 8
  ×)      6
    4 8 4 8
  +)  4 8
    5 3 2 8
```

(2)
```
      4 7 5
  ×)      6
    2 4 3 0
  +)  4 2
    2 8 5 0
```

(3)
```
      9 5 4
  ×)      7
    6 3 2 8
  +)  3 5
    6 6 7 8
```

4-15　三次方和四次方的速算

例題

$$12^3 = \underbrace{(12-2)}_{\text{變成10的倍數}} \times 12 \times (12+2) + 12 \times 2^2$$

$$= 10 \times 14 \times 6 \times 2 + 48$$
$$= 10 \times 84 \times 2 + 48$$
$$= 1680 + 48 = 1728$$

$$15^4 = \underbrace{(15-5)}_{\text{變成10的倍數}} \times 15^2 \times \underbrace{(15+5)}_{\text{變成10的倍數}} + 15^2 \times 5^2$$

$$= 10 \times 15^2 \times 20 + 15^2 \times 5^2$$
$$= 200 \times 225 + 75^2$$
$$= 45000 + 5625 = 50625$$

（註）$75^2 = （7 \times 8） \times 100 + （5 \times 5） = 5625$（參照3-3節）

　　如果a是10或100等10的倍數，a^3和a^4的計算就很簡單，但a不一定是10的倍數。然而，若a加上適當的數d（a+d），或減掉d（a−d）會變成10的倍數，則另當別論。運用下一頁的展開公式，計算三次方和四次方易如反掌。

$$a^3 = (a-d)a(a+d) + ad^2$$

$$a^4 = (a-d)a^2(a+d) + a^2d^2$$

　　儘管如此，但由於能使（a＋d）和（a－d）兩者都變成10的倍數的d很少，並非任何數a都可以輕鬆速算求得a³。

練習

（1）11^3　　　　$= 10 \times 11 \times 12 + 11 \times 1^2 = 1320 + 11 = 1331$

（2）11^4　　　　$= 10 \times 11^2 \times 12 + 11^2 \times 1^2$
$= 10 \times 121 \times 12 + 121$
$= 10 \times 121 \times (10+2) + 121$
$= 10 \times (1210 + 242) + 121$
$= 14520 + 121 = 14641$

數學公式是有規則性的喔！
$a^2 = (a-d)(a+d) + d^2$
$a^3 = (a-d)a(a+d) + ad^2$
$a^4 = (a-d)a^2(a+d) + a^2d^2$
⋮

好用的圓周率和平方根

　　圓周率和一些平方根(square root)在日常生活和工作上經常用到。例如，影印時若「想要將影印放大成為2倍，長度倍率應該是多少」，該怎麼回答呢？由於$x^2＝2$，正確答案為原本長度的$\sqrt{2}$倍。

　　但是，$\sqrt{2}$倍的說法讓人一頭霧水，這時如果知道$\sqrt{2}$的近似值是1.41421356，馬上就能回答「大約是1.4倍喔」。

　　像這樣事先知道圓周率和典型的平方根會很方便，因此以下介紹用諧音來幫助記憶的方法。

圓周率 π ＝3.141592653……
「想點一次異國酒，喝了不散」（共10位）

$\sqrt{2}＝1.41421356$	一天是一世，愛你想我了
$\sqrt{3}＝1.7320508$	一天吃三鵝，令我很飽
$\sqrt{5}＝2.2360679$	爾等愛山路，領路去走
$\sqrt{6}＝2.44949$	熱天速速救石臼
$\sqrt{7}＝2.64575$	樂天老師我騎虎
$\sqrt{10}＝3.162277$	山田一路冷冷清清

（注）以上諧音皆包含小數點以便記憶。

第 5 章

瞬間掌握本質的
概算技巧

數字概算的能力可以說是「代表個人的能力」並不為過,因為日常生活大部分的計算都是「大略的概算」,而非精細的運算。例如主管詢問「一般會議費、人事費,以及加班費大概是多少?」,如果無法立刻估計算答案的前面二位數,會很尷尬。本章就要來介紹概算的技巧。

5-1 練習取概數

例題

① 65987＋31549 …… 正確答案為97536

（**舉例**）取概數到千位（百位四捨五入）

66000＋32000 ➡ 98000

② 65987－31549 …… 正確答案為34438

（**舉例**）取概數到千位（百位四捨五入）

66000－32000 ➡ 34000

進行加法和減法概算時，將所有數項先化為取到相同位數的概數，再開始計算。數字簡化通常使用四捨五入法，上面的例題便是統一取到千位的加減運算。

另外，一個取到千位的概數，和一個取到百位的概數進行加減運算，是沒有意義的，統一取到哪一位則要視情況而定。

練習

進行下列概算，計算時以四捨五入法取到（　　）內的位數。

（1）13549＋5362　　　　　　　　　　　　（百位）

$$13500＋5400＝18900……正確答案為18911$$

（2）13549－5362　　　　　　　　　　　　（百位）

$$13500－5400＝8100……正確答案為8187$$

（3）23758＋42962＋5841　　　　　　　　（千位）

$$24000＋43000＋6000＝73000……正確答案為72561$$

（4）54819＋32977－58419　　　　　　　　（千位）

$$55000＋33000－58000＝30000……正確答案為29377$$

（5）54819＋32977－58419　　　　　　　　（萬位）

$$50000＋30000－60000＝20000……正確答案為29377$$

（註）(4)和(5)是一樣的題目，只是概數取到不同位數。由此可知，像(5)這樣只取到第1位的概數實在過於籠統，所以取概數至少要取到前2位。

例題

① 65987×315 ······ 正確答案為20785905

$\downarrow$ （舉例）從高位開始取2位

66000×320 ➡ 21120000 ➡ 21000000

② $65987 \div 315$ ······ 正確答案為209.48······

$\downarrow$ （舉例）從高位開始取2位

$66000 \div 320$ ➡ 206.25 ➡ 210

　　進行乘法和除法概算時，從高位開始取相同位數再開始計算。數字簡化通常使用四捨五入法，上面的例題便是從高位各取2位的乘除運算。統一從高位取到哪一位則要視情況而定。

　　由下頁例題可知：只取1位概數，答案會有大量偏差。

練習

進行下列概算，計算時要從高位開始取到（　　）內的位數。

（1）135×53　　（1位）……正確答案為7155
　　　　　　　　100×50＝5000

（2）135×53　　（2位）……正確答案為7155
　　　　　　　　140×53＝7420　　→　　7400

（3）483297×26945　　（2位）……正確答案為13022437665
　　　　480000×27000＝12960000000　　→　　13000000000

（4）483297×26945　　（3位）……正確答案為13022437665
　　　　483000×26900＝12992700000　　→　　13000000000

（5）483297÷26945　　（2位）……正確答案為17.936426……
　　　　　480000÷27000＝17.7777……　　→　　18

（6）483297÷26945　　（3位）……正確答案為17.936426……
　　　　　483000÷26900＝17.9553……　　→　　18.0

5-3 乘法概算的「數字簡化技巧」

例題

① 75×46 …… 正確答案為3450

（舉例）從高位取1位，
但前者進位，後者捨去

80×40 ➡ 3200

② 79×46 …… 正確答案為3634

（舉例）從高位取2位，但
前者加1，後者減1

80×45 ➡ 3600

　　將原本的數化為概數，稱為「數字簡化」。數字簡化經常使用四捨五入法，但就結果而言，有時會讓所有數都變得比原本更大，或相反地讓所有數都變得比原本更小，如此一來誤差會擴大。

　　於是，這一節概算的重點，便是將位數其中一數進位，取較大的概數，另一數捨去，取較小的概數，以維持「公平」（減少誤差）。看起來像是人性化的考量，卻是符合實際狀況的對策。

　　如上例題。②$79 \times 49$，兩個數項都四捨五入進位，誤差很小，但像例題①$75 \times 46$，由於兩者數項的個位數都大於等於「5」，四捨五入後雙雙進位，概算後顯然會變得比原本的數大得多。

因此例題①中，將其中一數項無條件進位、另一數項無條件捨去，求出答案為3200。如果兩個數都進位，答案會變成80×50＝4000，和正確答案3450落差很大。

另一個概算的技巧，則是將其中一數項加上適當的數來進行數字簡化，另一數項則減掉相應的數，如例題②。79加1之後「79→80」變成10的倍數，另一個數則減1「46→45」。至少有一個較容易計算的80，可以使用心算。

「數字簡化」該用哪個方法，視數字和情況而定，這些數字簡化的技巧可以運用在加減運算上。速算的精神就是無論何時都要能隨機應變。

練習

進行下列概算，計算(1)和(2)時，要從高位取到（　　）內的位數。

(1) 135×534 （2位）

　　$140 \times 530 = 74200$ …… 正確答案為72090

　　　↑　　　↑
　　進位　　捨去

(2) 4792×3524 （1位）

　　$5000 \times 3000 = 15000000$ …… 正確答案為16887008

　　　↑　　　↑
　　進位　　捨去

(2)的概數只取到「1位」誤差會變大，但透過「進位、捨去」的技巧，使誤差縮小，這樣一來用心算即可。依個別情況隨機應變來運用速算吧！

(3) 48×22

　　　50×20＝1000 …… 正確答案為1056

　　　　↑　　↑
　　　加2　減2

(4) 395×155

　　　400×150＝60000 …… 正確答案為61225

　　　　↑　　　↑
　　　加5　　減5

(3)和(4)沒有寫概數要取到哪一位，這種情況未必需要使用「進位、捨去」技巧。

5-4　運用概數，進行數字接近1的乘方概算

重點

將乘方運算變成乘法運算！
$$(1+0.002)^3 \fallingdotseq 1+3\times0.002$$

　　這是稍微高階的概算，學會了很好運用。這一節要介紹的是數字非常接近「1」的乘方運算（又稱為乘冪）。像是銀行利息計算就適用於這種乘方運算。近來企業的營業額預測、市場的成長預測等等許多數字都變得很微小，因此本節所介紹的技巧很實用，還能結合心算練習。

　　如下列式子，當數字h接近0，（1＋h）的n次方大約等於1＋nh，把「乘方運算」變成「乘法運算」了。

$$(1+h)^n \fallingdotseq 1+nh \qquad (h \fallingdotseq 0)$$

　　使用這個技巧，凡是數字接近1的乘方問題都可迎刃而解。乘方計算不論用計算機還是電腦都很麻煩，這就是用簡單的乘法求答案的方便之處。

練習

運用概數進行下列的乘方運算。

（1）（1.002）^{3}……3次方的概數

$$= (1+0.002)^3 \fallingdotseq 1+3\times0.002 = 1.006$$
（正確答案為1.00601……）

（2）（1.002）^{5}……5次方的概數

$$= (1+0.02)^5 \fallingdotseq 1+5\times0.02 = 1.1$$
（正確答案為1.10408……）

（3）（0.997）^{4}……4次方的概數

$$= (1-0.003)^4 \fallingdotseq 1-4\times0.003 = 0.988$$
（正確答案為0.988053……）

從誤差率來看，(1)是0.001%，(2)是0.4%，(3)是0.005%，都非常小，所以這個方法已經很夠用囉！

$\left(1+\right)\left(1+\right)\left(1+\right)$

$\fallingdotseq 1+3\times$

5-5 運用概數,進行數字接近1的平方根概算

$$\sqrt{1.006} \doteqdot 1 + \frac{1}{2} \times 0.006$$

這一節要反過來介紹求平方根(square root)的簡單計算方法。當數字h接近0,(1+h)的平方根大約等於($1+\frac{1}{2}h$)。

$$\sqrt{1+h} \doteqdot 1 + \frac{1}{2} h \quad (h \doteqdot 0)$$

使用這個技巧,數字接近1的平方根變得很好算。另外,平方根(2次方根)的符號$\sqrt{\ }$為$\sqrt[2]{\ }$省略了2。3次方根的情況和平方根相同,當數字h接近0時,$\sqrt[3]{1+h} \doteqdot$($1+\frac{1}{3}h$)。同理,4次方根為$\sqrt[4]{1+h} \doteqdot$($1+\frac{1}{4}h$),5次方根的情況為$\sqrt[5]{1+h} \doteqdot$($1+\frac{1}{5}h$)。

練習

運用概數進行下列的乘方運算。

(1) $\sqrt{1.001} = (1+0.001)^{\frac{1}{2}} \doteqdot 1 + \frac{1}{2} \times 0.001$
$= 1 + 0.0005 = 1.0005$

(正確答案為1.000499875……)

(2) $\sqrt{0.98} = (1-0.02)^{\frac{1}{2}} \doteqdot 1 - \frac{1}{2} \times 0.02$
$= 1 - 0.01 = 0.99$

(正確答案為0.98994……)

5-6　運用「$2^{10} \fallingdotseq 1000$」進行概算

假設$2^{10} \fallingdotseq 1000$，即可進行快速概算！

2^{10}的值是$2 \times 2 \times 2 \times 2 \cdots \cdots 2$連乘10次，正確答案為1024。但是，將這個值視為1000來運用，可以進行很多方便的概算。

例如，有一種病原菌以每1分鐘變為2倍的速度繁殖，第1隻病原菌經過1小時（＝60分）繁殖的數量，可用下列式子求出：

$$\underbrace{1 \times 2 \times 2 \times 2 \times \cdots \times 2 \times 2}_{\text{2連乘60次}} = 2^{60} = (2^{10})^6 \fallingdotseq 1000^6 = (10^3)^6 = 10^{18}$$

我們都知道2^{60}是「天文數字」，但到底有多大呢？100億？10兆？單位令人無法想像，因為人類畢竟只能透過10進數來理解數字的大小。

所以，請視$2^{10} = 1000$吧。換言之，$2^{10} \fallingdotseq 10^3$，$2^{60} \fallingdotseq (10^3)^6 = 10^{18} = 1,000,000,000,000,000,000$。答案是100京，京是兆後面的單位。

除了2^{10}以外，不妨將3^{10}和5^{10}也順便學起來，將這3個數字一起記住吧。

$2^{10} = 1024 \fallingdotseq 1000 = 1$千

$3^{10} = 59049 \fallingdotseq 60000 = 6$萬

$5^{10} = 9765625 = 10000000 = 1000$萬

練習

求解下列問題。

　　加入某直銷會員可以得到6萬元的利潤，但會員要遵守以下規約：

(1)支付入會費10萬元。（其中2萬元付給直銷本部，8萬元付給邀請加入的上級）

(2)會員一定要邀請2名新會員加入。

　　依照上述規約會員不斷增加，求到第20代後某直銷本部的收入總金額。要注意的是第1代會員的入會費10萬元全數上繳給本部。

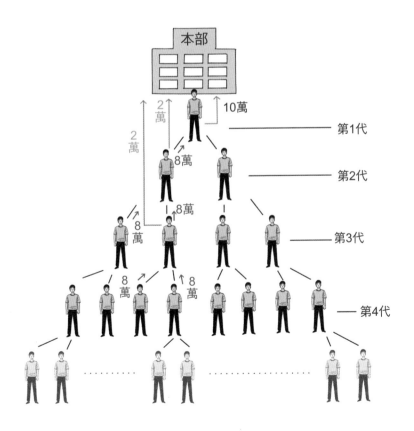

$10+2\times2+2\times4+2\times8+2\times16+\cdots$

$=8+2+2\times2+2\times4+2\times8+2\times16+\cdots$

$=8+2(1+2+2_2+2_3+2_4+\cdots+2_{19})$　　參照（註1）

$=8+2\dfrac{2^{20}-1}{2-1}=8+2(2_{20}-1)$　　參照（註2）

$=8+2\{(2^{10})^2-1\}\fallingdotseq8+2\{(10_3)_2-1\}=6+2\times10_6$

$\fallingdotseq2000000$（萬元）

也就是200億元。

這種商業運作模式又稱為老鼠會，法律上明文規定禁止，因為從第1代到第20代為止的會員數大約是100萬人，到第25代時會員數攀升到約3200萬人，體制很快就會崩潰。

（註1）設$S=1+2+2^2+2^3+\cdots\cdots+2^{19}\cdots\cdots$①

　　　　算式的兩邊同乘以2，

　　　　$2S=2+2^2+2^3+\cdots\cdots+2^{20}\cdots\cdots$②

　　　　②－①，$(2-1)S=2^{20}-1$

　　　　因此，$S=\dfrac{2^{20}-1}{2-1}$

（註2）這裡使用下列的指數定律進行運算：

　　　　$a^m a^n=a^{m+n}$

　　　　$(a^m)^n=a^{mn}$

　　　　$(ab)^n=a^n b^n$

　　　　m, n需為整數。

5-7 掌握有效數字位數，不作多餘計算

重點

測量值的計算方法

①**加減運算**：取相同位數

②**乘除運算**：答案的有效位數，與各運算數項有效位數最少者相同

例如測量長度和重量時，以數字加單位來表示。例如，用尺測量鉛筆得到長度為12.7cm。

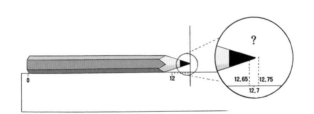

有效數字3位 **12.7**

此時單位為cm（公分），數字12.7表示「1」個單位的12.7倍，這個12.7cm是用尺測量出來的，稱作測量值。

這裡需要注意的是「測量值畢竟只是測量值，不是真正的值」。測量值為12.7cm，表示鉛筆真正的長度大約落在12.65～12.75cm的範圍。

也就是說，測量值到12cm為止是正確的，但後面0.7cm的部分「多少含有一點誤差」，因此測量值要使用有效數字的概念。換句話說，有效數字是測量工具求得值當中的有效（有意義的）位數數字，其中最小位數含有四捨五入等所造成的誤差。

以測量鉛筆的例子來說明，測量值12.7cm的有效數字為1、2、7，共3位。

還有一件需要注意的事是：這一節開頭所介紹的規則，適用於有效位數不同的測量值運算，是為不作無意義的計算。

練習 1

下列測量值的有效數字是幾位？

（1）0.00532g

　　讀者可能覺得因為是「0、0、0、5、3、2，所以有效數字是6位！」然而0.00的0，通常被認為是「表示位數的0」而非測量值本身，所以要從「非0的數字」「5」開始算起，「5、3、2」共3位。可寫為5.32×10^{-3}，有效數字是3位。10^{-3}表示$\dfrac{1}{10^3}$。

答案：3位。

（2）2.997×10^5m/s

　　「2、9、9、7」共4位。

答案：4位。

（3）1.02×10^4cal

　　「1、0、2」答案為3位。

　　假設題目變成1.020×10^4，「1、0、2、0」都是有效的，所以有效數字的答案為4位。

如下所示：

$1.02 \times 10^4 = 10200 \cdots\cdots$①

$1.020 \times 10^4 = 10200 \cdots\cdots$②

　　兩者看起來很像，其實不同。①表示前3位都是準確的，相較之下②則表示到第4位為止都是準確的。

（4）3.25×10^{-8}cm

　　10^{-8}表示$\dfrac{1}{10^8}$。答案：3位。

練習 2

對有效數字進行計算。

（1）238.28g＋0.0236g＋1.5792g

　　　$\fallingdotseq$238.28＋0.02＋1.58

　　　＝239.88g

　　進行加減運算時，「決定位數」優先於有效數字。如果只考慮有效數字，因為是「5位、3位、5位」所以「統一取3位再相加！」會變成「238＋0.0236＋1.58」，位數亂七八糟，因此，「取相同位數」必須放在第一順位。計算這個題目時每個數都取到「小數點後第2位」，小數點後第3位則四捨五入。

（2）358.6g－1.346g＋57g

　　≒359－1＋57＝415g

　　小數點後第1位四捨五入，將每個數項都化為整數。

（3）62.3cm×13.62cm

　　＝848.526，答案是849cm^2

　　有效數字分別是3位和4位，因此答案為取3位的849（第4位的5要
四捨五入）。

（4）85.2g÷62.1cm^3

　　＝1.37198，答案是1.37g/cm^3

　　有效數字都是3位，所以答案也要取3位。

第 6 章

快速驗算技巧

速算術使用簡便的思路，不容易計算錯誤。話雖如此，每個人都會犯錯，「驗算」於是變得極其重要，然而用同樣的方法再算一次，可能重蹈覆轍，因此驗算原則上要求「其他快速途徑」。有些人能迅速驗算，立刻抓出會計帳目上的錯誤，這種人就是懂得「驗算的秘訣」，這就是第6章的重點。

重點

驗算要用另一種方法！

　　如下所示，驗算有各種技巧，共通之處是希望使用和原本算法不同的方法。

①反向驗算

②概數驗算

③利用餘數驗算

　　方法①是運用反向計算來驗算，例如「驗算減法的答案用加法，驗算除法的答案用乘法」。

　　45－13＝32，是對的嗎？

　　32＋13＝45，所以是對的喔！

　　方法②是忽略細節，用概算進行大致驗算，挑出位數錯誤等較大的問題。

　　方法③是用餘數來判斷答案是否相等，例如下面6-4節利用9的去九法是相當有名的驗算技巧。

6-2 利用「個位數」瞬間驗算

例題

$$
\begin{array}{r}
512 \\
386 \\
762 \\
+)\quad 988 \\
\hline
2649
\end{array}
$$
✗

個位數和不對，
答案是錯的

$$
\begin{array}{r}
385 \\
\times)\quad 593 \\
\hline
228306
\end{array}
$$
✗

個位數積不對，
答案是錯的

　　要精確地檢查計算是否正確很麻煩。然而，如果只是指出「這裡很明顯是錯的」有很簡單的方法，重點放在個位數即可。

　　在加法和乘法運算中，個位數的驗算不需要繁瑣的進位。當然，即使個位數正確，計算也不一定完全正確，但若有錯可以第一時間糾正。

加法和乘法的快速驗算可以先看個位數喔！

6-3 運用10倍數大致驗算

例題

	693	700
	221	200
	−615	−600
	825	800
+)	−193	+) −200
	931	900

概算 ➡

數項很多的計算，可將每個數項替換成最接近的10倍數，便能進行快速驗算。最接近的10倍數，意指數線上與某數字距離最近的10倍數。

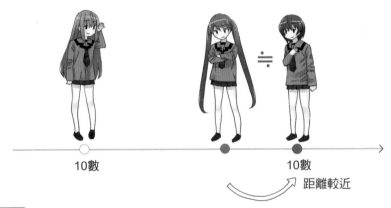

10數　　　　　　　　10數
　　　　　　　　　　　　距離較近

練習 1

（1）離693最近的10倍數是700！

（2）離-515最近的10倍數是-500

（3）離-292最近的10倍數是-300

練習 2

（1）

58	60
61	60
−51	−50
−99	−100
+) 37	+) 40
6	10

概算

概算結果10，
與實際答案6
接近。

（2）

2987	3000
6054	6000
4129	4000
−7984	−8000
−1799	−2000
5299	5000
4697	5000
+) −1002	+) −1000
12381	12000

概算

概算結果12000
與實際答案
12381接近。

6-4　去九法驗算

重點

設原本的數A除以9，餘數為m。求得答案B除以9，餘數為n。

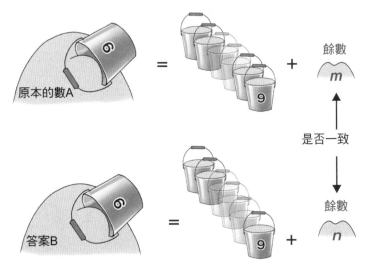

$$m=n \text{ 時，可能 } A=B$$
$$m\neq n \text{ 時，絕對 } A\neq B$$

　　去九法是非常有名的驗算技巧，當然不是非除以9不可，但採用9有兩個理由。

　　首先，除以9的餘數有9種，比起除以2或3還要多，比較容易察覺錯誤，若求得餘數相等，代表原本的數相等的可能性很高。

另一個理由是不需要真的進行除法運算，除以9的餘數可以藉由下面的「剩餘定理」輕鬆求解。

剩餘定理

某整數□○△……▽◎除以9，餘數等於該數各位數字之和，也就是□＋○＋△＋……＋▽＋◎除以9得到的餘數。

例如，「18472除以9的餘數，和1＋8＋4＋7＋2除以9的餘數相等」。

而且，除以9的餘數計算，可以運用下面的「去九定理」，這便是「去九法」名稱的由來。

去九定理

求□＋○＋△＋……＋▽＋◎除以9時，部分相加等於9的數可以先消去，並且，若任意數字組合起來超過9，可以換成其除以9的餘數。

而且，「去九定理」對任意正整數皆成立。

6-5　利用去九法驗算加法

重點

設原本的算式a＋b除以9，餘數為m。
答案c除以9，餘數為n。

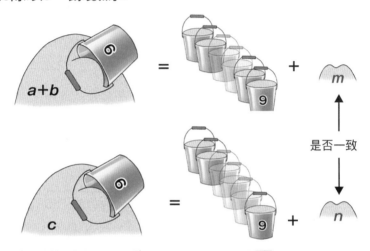

如果 $m＝n$，則 $a＋b＝c$ （大概是對的）
如果 $m≠n$，則 $a＋b≠c$ （絕對是錯的！）

例如，利用去九法驗算「3278＋487＝3765」是否正確。
先求算式左邊3278＋487除以9的餘數。

3278＋487　➡　由（i）、（ii）可知除以9，餘數為2＋1＝3

　　　　（ii）487換成4＋8＋7，除以9，餘數為1

（i）3278換成3＋2＋7＋8，除以9，餘數為2

接下來，求算式右邊3765（答案）除以9的餘數。

3765→3＋7＋6＋5除以9，餘數為「3」

由上述可知，算式左右兩邊除以9，餘數都等於3，所以可以說這個加法計算的結果「大概是對的」，但並不保證絕對正確。

a＋b除以9的餘數，等於a除以9的餘數和b除以9的餘數相加，再除以9的餘數喔。

練習

驗算下列計算結果。

（1）63977＋632＝64609 …… ①
根據剩餘定理，63977除以9的餘數為6＋3＋9＋7＋7除以9的餘數，等於5
632除以9的餘數為6＋3＋2除以9的餘數，等於2
所以63977＋632除以9的餘數為5＋2＝7
64609除以9的餘數，由於6＋4＋6＋0＋9＝25，除以9餘7

由於左右兩邊的餘數都等於7，所以可以推測①的加法計算「大概是對的」。

（2）817＋17＝844 …… ②
根據剩餘定理，817除以9的餘數為8＋1＋7除以9的餘數，等於7
17除以9的餘數為1＋7除以9的餘數，等於8
所以817＋17除以9的餘數為7＋8＝15，再除以9餘6
844除以9的餘數，由於8＋4＋4＝16，除以9餘7
兩邊的餘數不相等，所以②的加法計算「絕對是錯的」。

（3）4405＋38216＝42623 …… ③
根據剩餘定理，4405除以9的餘數為4＋4＋0＋5＝13除以9的餘數，等於4
38216除以9的餘數為3＋8＋2＋1＋6＝20除以9的餘數，等於2
所以4405＋38216除以9的餘數為4＋2＝6
42623除以9的餘數，由於4＋2＋6＋2＋3＝17，除以9餘8
兩邊的餘數不相等，所以③的加法計算「絕對是錯的」。

再次強調：利用去九法驗算，若餘數不相等可以斷定「絕對是錯的」，但相等的時候卻只能說「大概是對的」，無法保證「絕對正確」，不能忘記。

6-6　利用去九法驗算減法

重點

設原本的算式a－b除以9，餘數為m。答案c除以9，餘數為n。

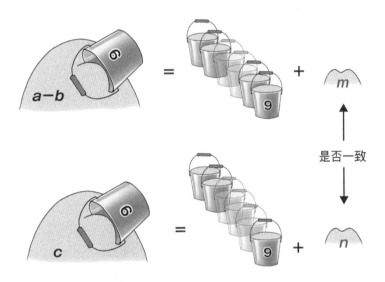

如果 $m=n$ ，則 $a-b=c$ （大概是對的）

如果 $m \neq n$ ，則 $a-b \neq c$ （絕對是錯的！）

例如，利用去九法驗算「3278－487＝2791」是否正確。

先求算式左邊3278－487除以9的餘數。

$$3278-487$$ ➡ 由(i)、(ii)可知除以9，餘數為2－1＝1
（在這個步驟要使用減法，和驗算加法不同）

（ii）487換成4＋8＋7，除以9餘數為1

（i）3278換成3＋2＋7＋8，除以9，餘數為2

接下來，求算式右邊2791除以9的餘數。

2791→2＋7＋9＋1除以9，餘數為「1」

由上述可知，算式左右兩邊除以9，餘數都等於1，所以可以說這個減法計算的結果「大概是對的」。

a－b除以9的餘數，就等於a除以9的餘數減掉b除以9的餘數喔！但是相減變成負數的時候（例＝－5），再加9（＝4）作為餘數就可以囉！

例題

利用去九法驗算以下的問題①和②。

①73977－1632＝72345

根據剩餘定理，73977除以9的餘數為7＋3＋9＋7＋7除以9的餘數，等於6

1632除以9的餘數為1＋6＋3＋2除以9的餘數，等於3

所以73977－1632除以9的餘數為6－3＝3

（在這個步驟要使用減法，和驗算加法時不同）

72345除以9的餘數為7＋2＋3＋4＋5除以9的餘數，等於3

兩邊的餘數都等於3，所以①的減法計算大概是對的。

②917650－237412＝676380

917650除以9的餘數為9＋1＋7＋6＋5＋0除以9的餘數，等於1

237412除以9的餘數為2＋3＋7＋4＋1＋2除以9的餘數，等於1

所以917650－237412除以9的餘數為1－1＝0

（在這個步驟要使用減法，和驗算加法時不同）

676380除以9的餘數為6＋7＋6＋3＋8＋0除以9的餘數，等於3

兩邊的餘數不相等，所以②的減法計算絕對是錯的。

練習

利用去九法驗算下列題目。

（1）7006981－212998＝6793883

（2）4545379－90235＝4455124

（3）2099831－350076＝1749755

　　答案：（1）絕對是錯的，（2）絕對是錯的，（3）大概是對的。

6-7 利用去九法驗算乘法

設原本的算式a×b除以9，餘數為m。
答案c除以9，餘數為n。

　　如果 $m＝n$ ，則 $a×b＝c$（大概是對的）
　　如果 $m≠n$ ，則 $a×b≠c$（絕對是錯的！）

例如，利用去九法驗算「4277×381＝1629537」。
先求算式左邊除以9的餘數。

4277×381 ➡ 由（ⅰ）、（ⅱ）可知除以9，餘數為2×3＝6

（ⅱ）381替換成3＋8＋1，除以9，餘數為3

（ⅰ）4277替換成4＋2＋7＋7，除以9，餘數為2

接下來，求出算式右邊1629537除以9的餘數。

1629537→1＋6＋2＋9＋5＋3＋7除以9，餘數為「6」

　　由上述可知，算式左右兩邊除以9，餘數都等於6，所以原本的乘法計算結果「大概是對的」。

a×b除以9的餘數，就是a除以9的餘數和b除以9的餘數，兩者相乘。

但是當這個餘數超過9的時候，要再除以9計算求得新的餘數喔。

練習

驗算下列計算結果。

（1）734×532＝390488

根據剩餘定理，734除以9的餘數為7＋3＋4除以9的餘數，等於5

532除以9的餘數為5＋3＋2除以9的餘數，等於1

所以734×532除以9的餘數為5×1＝5

390488除以9的餘數為3＋9＋0＋4＋8＋8除以9的餘數，等於5

兩邊的餘數都等於5，所以可以說「大概是對的」。

（2）6357×23657＝150388549

根據剩餘定理，6357除以9的餘數為6＋3＋5＋7除以9的餘數，等於3

23657除以9的餘數為2＋3＋6＋5＋7除以9的餘數，等於5

所以6357×23657除以9的餘數為3×5＝15，再除以9餘6

150388549除以9的餘數為1＋5＋0＋3＋8＋8＋5＋4＋9除以9的餘數，等於7

左右兩邊同除以9，餘數不相等，所以能斷言原本的乘法計算「絕對是錯的」。

6-8 利用去九法驗算除法

設被除數a除以9，餘數為m。「除數b×商c＋餘r」除以9，餘數為n。

如果 $m=n$，則 $a \div b = c$　餘 r（大概是對的）

如果 $m \neq n$，則 $a \div b \neq c$　餘 r（絕對是錯的！）

　　利用去九法驗算除法時，跟前面所介紹的加法、減法和乘法有些不同，要先改為乘法再進行驗算。

　　例如，利用去九法驗算「5278÷27，商為195餘數為13」，這個除法算式是否正確，取決於：

5278＝27×195＋13……①

是否正確，因此，藉由比對①左右兩邊除以9餘數是否相等，來判斷原本除法計算的正確性即可。

　　先求①左邊5278除以9的餘數。

5278→5＋2＋7＋8除以9，餘數為4

接下來，求①右邊27×195＋13除以9的餘數。

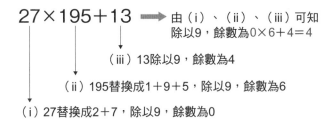

由（ⅰ）、（ⅱ）、（ⅲ）可知
除以9，餘數為0×6＋4＝4

（ⅲ）13除以9，餘數為4

（ⅱ）195替換成1＋9＋5，除以9，餘數為6

（ⅰ）27替換成2＋7，除以9，餘數為0

由上述可知，①的左右兩邊除以9，餘數都等於4，所以①，也就是原本的計算，「大概是對的」。

練習

利用去九法驗算「9831÷87，商為112餘數為7」。

「9831÷87，商為112餘數為7」正確與否，可用下面的②來進行判斷。

$$9831＝87×112＋7……②$$

根據剩餘定理，左邊的9＋8＋3＋1＝21除以9的餘數為3

右邊的8＋7＝15除以9的餘數為6

右邊的1＋1＋2＝4除以9的餘數為4

7除以9的餘數為7

所以6×4＋7＝31，再除以9餘4

②中左右兩邊同除以9，餘數不相等，由此可知原本的計算「絕對是錯的」。

數字單位常識

現代社會經常使用著巨大無比的天文數字，或無限趨近於0的極小數字。下列數字單位名稱，逐漸成為現代人的必備常識。

日文	數字	符號	字首	寫法
ヨタ	10^{24}	Y	yotta-	一秄
ゼタ	10^{21}	Z	zetta-	十垓
エクサ	10^{18}	E	exa-	百京
ペタ	10^{15}	P	peta-	千兆
テラ	10^{12}	T	tera-	一兆
ギガ	10^{9}	G	giga-	十億
メガ	10^{6}	M	mega-	百萬
キロ	10^{3}	k	kilo-	千
ヘクト	10^{2}	h	hecto-	百
デカ	10^{1}	da	deca-	十
モノ（ユニ）	10^{0}		mono-	一
デシ	10^{-1}	d	deci-	一分
センチ	10^{-2}	c	centi-	一厘
ミリ	10^{-3}	m	milli-	一毛
マイクロ	10^{-6}	μ	micro-	一微
ナノ	10^{-9}	n	nano-	一塵
ピコ	10^{-12}	p	pico-	一漠
フェムト	10^{-15}	f	femto-	一須臾
アト	10^{-18}	a	atto-	一刹那
ゼプト	10^{-21}	z	zepto-	一清靜
ヨクト	10^{-24}	y	yocto-	一涅槃寂靜

（註）一說涅槃寂靜指的是 10^{-26}。

第 7 章

古今中外的
算術技巧

本章介紹古今中外的知名算術技巧,藉由認識這些知
識,可以一窺數學堂奧與精髓。當然,如果能融入生
活和工作就更高明了。本章重點不在於記住這些技
巧,而是欣賞人類的智慧結晶。

例題

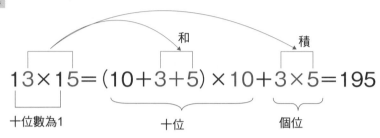

$$13×15=(10+3+5)×10+3×5=195$$

十位數為1　　　　　　　十位　　　　　個位

　　學校教的九九乘法最後是「9×9」一位數相乘，但在印度學校教的是能夠算到「19×19」的二位數乘法。不需要太驚訝，這裡介紹的二位數「19×19」乘法學會了，就跟印度人一樣能夠進行二位數乘法心算了。

　　二位數「19×19」乘法的答案是依照下列方法求出來的：

十位為10＋兩數個位數之和……①
個位為兩數個位數之積……②

　　但是若②為二位數要進位。將2個二位數用1a、1b來表示，1a×1b的計算方法為：

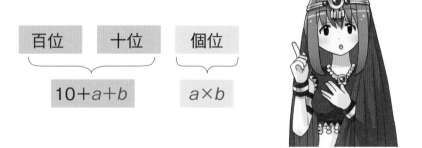

練習

（1）12×16＝（10＋2＋6）×10＋2×6＝180＋12＝192

（2）11×15＝（10＋1＋5）×10＋1×5＝160＋5＝165

（3）17×11＝（10＋7＋1）×10＋7×1＝180＋7＝187

（4）17×14＝（10＋7＋4）×10＋7×4＝210＋28＝238

（5）18×12＝（10＋8＋2）×10＋8×2＝200＋16＝216

（6）18×15＝（10＋8＋5）×10＋8×5＝230＋40＝270

（7）16×15＝（10＋6＋5）×10＋6×5＝210＋30＝240

（8）17×13＝（10＋7＋3）×10＋7×3＝200＋21＝221

（9）19×11＝（10＋9＋1）×10＋9×1＝200＋9＝209

（10）12×13＝（10＋2＋3）×10＋2×3＝150＋6＝156

（11）15×15＝（10＋5＋5）×10＋5×5＝200＋25＝225

（12）14×19＝（10＋4＋9）×10＋4×9＝230＋36＝266

（13）13×12＝（10＋3＋2）×10＋3×2＝150＋6＝156

7-2 俄羅斯農民乘法

重點

> 乘法運算中，其中一數乘以2，另一數就除以2。
> 換言之，$a \times b = (2a) \times (b \div 2)$

在俄羅斯廣為人知的農民乘法，學會以後可以當作茶餘飯後聊天的話題。$a \times b$的乘法運算中，將被乘數a乘以2，乘數b除以2，兩者再相乘，答案不會改變。

$$a \times b = (2a) \times \left(\frac{b}{2}\right)$$

重複進行這樣的步驟，直到乘數變成1，此時被乘數就是乘法運算的答案。

（例）$24 \times 16 = 48 \times 8 = 96 \times 4 = 192 \times 2 = （384） \times 1$

這個就是24×16的答案

這便是俄羅斯農民乘法的基本原理，也就是透過「乘以2和除以2」將數字很大的乘法改寫，變得簡單。除以2當然也會有除不盡的情況，這時只採用乘數除以2的商，不理會餘數，繼續計算，最後再把剛剛無視的部分加回來。

（例1）乘數一路除以2餘數皆為0的情況

以32×64為例，實際用俄羅斯農民乘法計算看看。

第1次	32		64		← 開始
第2次	64		32		
第3次	128		16		
第4次	256		8		
第5次	512		4		
第6次	2048 ○		1		← 乘數變成1了，所以同組的 2048畫個圈，計算結束

由上表可知，32×64的答案是畫圈的2048。

（例2）乘數一路除以2途中出現餘數的情況

以32×46為例，實際用俄羅斯農民乘法計算看看。

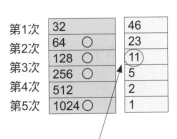

第1次	32		46	← 開始
第2次	64 ○		23	← 23除以2除不盡，所以同組的64畫個圈
第3次	128 ○		⑪	← 11除以2除不盡，所以同組的128畫個圈
第4次	256 ○		5	← 5除以2除不盡，所以同組的256畫個圈
	512		2	← 2除以2可以除盡，所以同組的512不需要畫圈
第5次	1024○		1	← 乘數變成1了，所以同組的1024畫個圈，計算結束

23除以2，商為11餘為1，只記下商11，
餘1會在128畫圈之後補加回來

由上表可知，32×46的答案是所有畫了圈的數字總和。也就是

$$1024＋256＋128＋64＝1472 \cdots\cdots ①$$

這裡來解說一下算式①相加的理由，以64為例，注意計算過程是這樣的：

$$64×23＝64×（2×11＋1）＝128×11＋64$$

所以最後要加回64，如最右邊。

7-3　雙手手指玩乘法運算

　　這一節介紹的技巧很有趣，能將6×6到10×10的乘法轉換成1×1到5×5的乘法。這裡以8×7為例具體說明方法，其他情況也適用。

重點

①首先在左右雙手的指頭上，從小指開始往大拇指的方向，分別寫上數字6到10，如下圖所示。

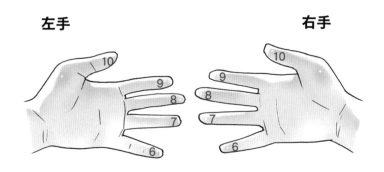

②將欲相乘2數的左手指和右手指相接，以題目8×7來說，左手中指和右手無名指相接（參照下頁圖）。

③從相接指頭以下，左右兩邊手指上的數字（包括相接的指頭本身）相加乘以10。在此左手手指是3根，右手手指是2根，總共5根，所以是5×10＝50。

④從相接指頭以上，左右兩邊手指上的數字（不包含相接的指頭本身）相乘。

在此左手手指是2根，右手手指是3根，所以是2×3＝6。

⑤將③的50和④的6相加之後等於56，即為此題乘法運算的答案。

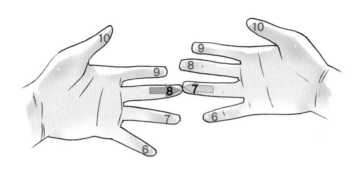

練習　雙手手指計算7×9。

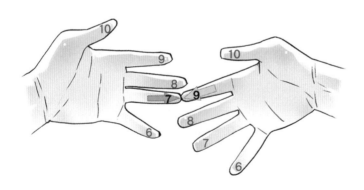

根據前面說明③，（2＋4）×10＝6×10＝60

同理，由④可得3×1＝3

最後由上面的⑤得到60＋3＝63

「算木」是紅色和黑色的木棍，以縱橫方式擺放進行計算的工具

在日本江戶時代，利用稱為「算木」的紅色（代表正數）和黑色（代表負數）木棍，縱橫擺放表示數字，可進行四則運算和方程式求解。

代表正數（紅色木棍）

	0	1	2	3	4	5	6	7	8	9
直式										
橫式										

代表負數（黑色木棍）

	0	−1	−2	−3	−4	−5	−6	−7	−8	−9
直式										
橫式										

使用紙筆記錄算木時，正負數都用黑色書寫，但負數最後會再加上一條斜線。另外，0原來空白沒有任何符號，但手寫記錄會使用符號○來表示。

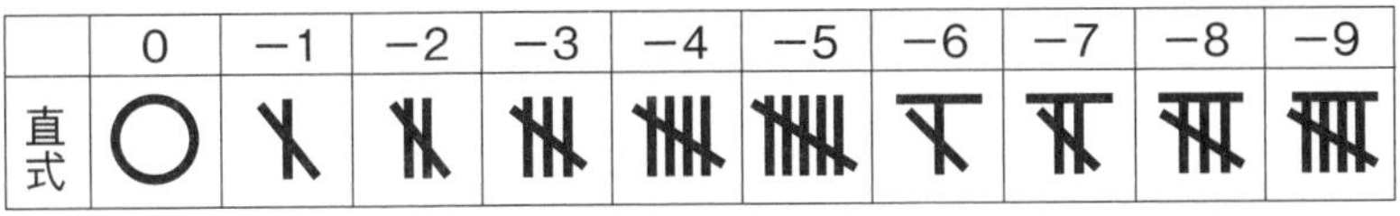

	0	−1	−2	−3	−4	−5	−6	−7	−8	−9
直式	○									

（例1）試用算木計算14＋7。

①在算木盤上擺放算木，表示被加數14和加數7（圖1）。

②從加數的最高位開始計算，這一題加數的最大位數在個位，所以從個位開始計算（圖2）。

③個位的4根木棍和7根木棍相加後為11根木棍，產生進位，以10根為1束，於十位再加上1根木棍。因此，答案是21（圖3）。

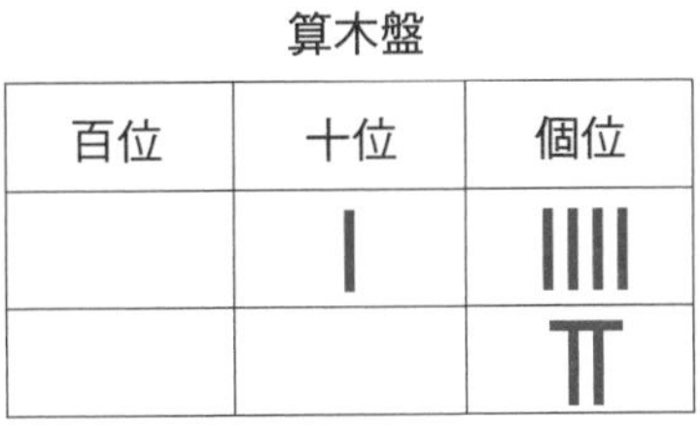

算木盤

百位	十位	個位

圖1

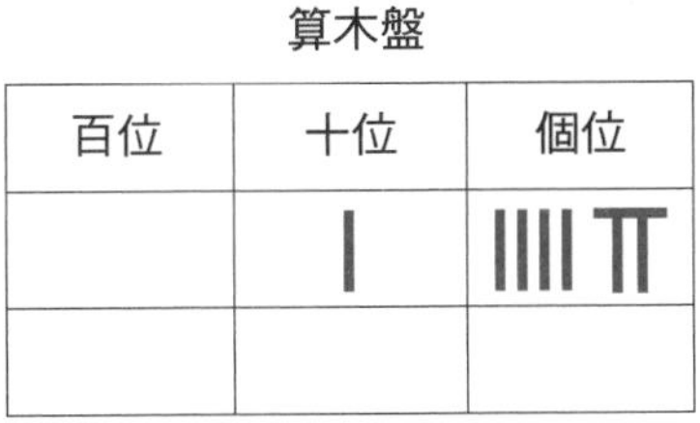

算木盤

百位	十位	個位

圖2

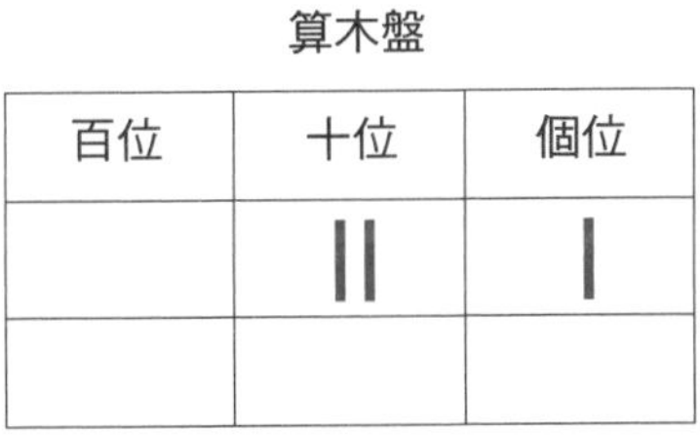

算木盤

百位	十位	個位

圖3

（例2）試用算木計算34×62。

①在算木盤上擺放算木，表示被乘數34和乘數62。

算木盤

千位	百位	十位	個位	
		‖‖	‖‖‖	34（被乘數）
		Ⅱ	‖	62（乘數）

②被乘數的最高位和乘數的最低位對齊。

算木盤

千位	百位	十位	個位	
		‖‖	‖‖‖	34（被乘數）
	Ⅱ	‖		62（乘數）

③乘數62最高位的6，和被乘數34最高位的3相乘。

算木盤

千位	百位	十位	個位	
		‖‖	‖‖‖	③4
Ｉ	⊤			（6×3＝）18
	Ⅱ	‖		⑥2

④乘數62次高位的2，和被乘數34最高位的3相乘。

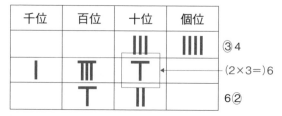

算木盤

千位	百位	十位	個位	
		‖‖	‖‖‖	③4
Ｉ	⊤	Ⅱ		（2×3＝）6
	Ⅱ	‖		6②

⑤被乘數34的次高位，和乘數62的最低位對齊。

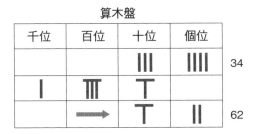

⑥乘數62最高位的6，和被乘數34次高位的4相乘，計算來的24擺放方
式如下圖。

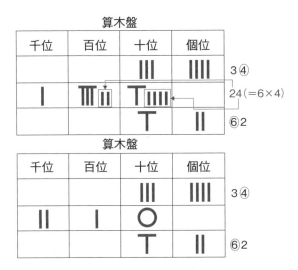

⑦最後，乘數62的2和被乘數34的4相乘，放在中間這一行的個位。中
間這一行所表示的數2108即為答案。

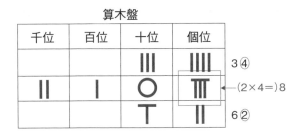

7-5 「九九除法」打算盤

重點

運用九歸歌（九九除法）打算盤，進行除法運算

10÷2＝5……二一添作五

除法運算背後使用的是九九乘法，換句話說，除法其實是像下面的式子一樣應用乘法。

56÷8＝7（應用8×7＝56）

是使用元朝流傳至今的「九歸歌」，也就是「九九除法」來進行除法運算，於是試著用九歸歌來計算12÷2看看。

①首先在算盤上撥出12。

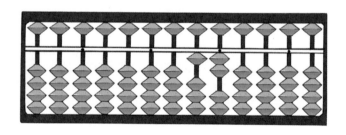

②被除數12的十位是10，除數是2，背「二一添作五」的口訣，把代表1的算珠撥掉，換成代表5的算珠。請見「九歸歌」（參照下頁）的二歸部分。「二一添作五」即為「1（＝10）除以2等於5」的意思。

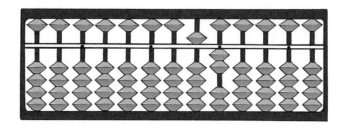

③看著被除數12剩下的2，背口訣「逢二進一」，把代表2的算珠撥
　掉，十位再加上1顆算珠，於是答案為6。

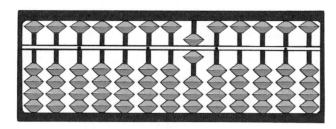

参考

「九歸歌」節錄

二歸	10÷2＝5	二一添作五
	20÷2＝10	逢二進一
三歸	10÷3＝3…1	三一三十一
	20÷3＝6…2	三二六十二

	20÷9＝2…2	九二下加二
	30÷9＝3…3	九三下加三
	40÷9＝4…4	九四下加四
九歸	50÷9＝5…5	九五下加五
	60÷9＝6…6	九六下加六
	70÷9＝7…7	九七下加七
	80÷9＝8…8	九八下加八
	90÷9＝10	逢九進一

重點

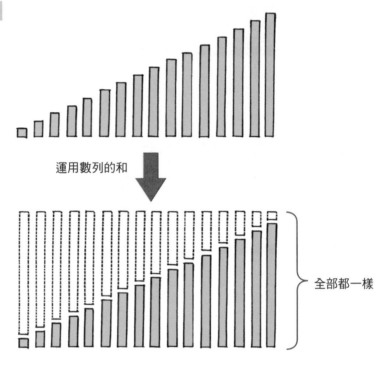

運用數列的和

全部都一樣

　　以一定數量增加或減少的數列求總和，經常使用到的技巧（速算法）。18世紀的德國天才數學兼物理學家高斯，上小學時曾計算「1＋2＋3＋……＋99＋100」這個習題，他將數字反過來，另外排列成100＋99＋……＋3＋2＋1，和題兩兩相加得到了答案。也就是說，兩題數字相加每項都是「101」，總共100項，所以是101×100＝10100，但因為答案只有一半，除以2等於「5050」。

$$
\begin{array}{cccccccc}
 & 1 & + & 2 & + & 3 & \cdots & 98 & + & 99 & + & 100 \\
+) & 100 & + & 99 & + & 98 & \cdots & 3 & + & 2 & + & 1 \\
\hline
 & 101 & + & 101 & + & 101 & \cdots & 101 & + & 101 & + & 101
\end{array}
$$

這個原理不限於計算從1加到100，而用來快速計算任何以一定數量增加的數列總和。

練習 進行下列計算。

(1) 2＋4＋6＋8＋10＋12＋14＋16＋18＋20

$$
\begin{array}{r}
2＋4＋6＋8＋10＋12＋14＋16＋18＋20 \\
＋)\ 20＋18＋16＋14＋12＋10＋8＋6＋4＋2 \\
\hline
22＋22＋22＋22＋22＋22＋22＋22＋22＋22
\end{array}
$$

(1)因此，答案為22×10÷2＝110

(2) －9－6－3＋3＋6＋9＋12＋15＋18＋21

$$
\begin{array}{r}
－9－6－3＋0＋3＋6＋9＋12＋15＋18＋21 \\
＋)\ 21＋18＋15＋12＋9＋6＋3＋0－3－6－9 \\
\hline
12＋12＋12＋12＋12＋12＋12＋12＋12＋12＋12
\end{array}
$$

(2)因此，答案為12×11÷2＝66

另外要注意的是：上述計算若必須另外加入原本題目中沒有的「0」，才能順利使用這個技巧。

重點

乘以特定數的數列總和，在計算時，請先調整數列

$$S = \textcircled{a} + ar + ar^2 + ar^3 + \cdots\cdots + ar^{n-1}$$
$$-) \quad rS = ar + ar^2 + ar^3 + ar^4 + \cdots\cdots + \textcircled{ar^n}$$
$$\overline{(1-r)S = a(1-r^n)}$$

將某個數連續乘以一個特定的數，最後再全部相加，這種計算你是否遇過？例如，把錢存進銀行（或向銀行借錢），複利計算就是如此。

這類問題可利用「調整數列」的技巧迎刃而解，試計算從1開始連續乘以2的級數總和為例來進行說明。

$$S = 1 + 2 + 2^2 + \cdots\cdots + 2^{99} + 2^{100} \cdots\cdots \text{①}$$

將①的等號左右兩邊都乘以2，使上下$2^\square$的項目正好錯開位置。

$$S = 1 + 2 + 2^2 + \cdots\cdots + 2^{99} + 2^{100} \cdots\cdots \text{①}$$
$$2S = 2 + 2^2 + 2^3 + \cdots\cdots + 2^{100} + 2^{101} \cdots\cdots \text{②}$$

用②減①，等號左右兩邊各自相減，可得到下列式子。

$$S = 2^{101} - 1 \cdots\cdots ③$$

練習　進行下列計算。

(1) $1+3+9+27+81+243$

$$
\begin{array}{r}
S = 1 + 3 + 9 + 27 + 81 + 243 \\
-)\ 3S = 3 + 9 + 27 + 81 + 243 + 729 \\
\hline
-2S = 1 - 729
\end{array}
$$

由此可知$2S = 728$，答案為364

(2) $3 + 1 + \dfrac{1}{3} + \dfrac{1}{9} + \dfrac{1}{27} + \dfrac{1}{81} + \dfrac{1}{243}$

$$
\begin{array}{r}
S = 3 + 1 + \dfrac{1}{3} + \dfrac{1}{9} + \dfrac{1}{27} + \dfrac{1}{81} + \dfrac{1}{243} \\
-)\ \dfrac{1}{3}S = 1 + \dfrac{1}{3} + \dfrac{1}{9} + \dfrac{1}{27} + \dfrac{1}{81} + \dfrac{1}{243} + \dfrac{1}{729} \\
\hline
\dfrac{2}{3}S = 3 - \dfrac{1}{729} \left(= \dfrac{729 \times 3 - 1}{729} = \dfrac{2186}{729} \right)
\end{array}
$$

由此可知 $\dfrac{2}{3}S = \dfrac{2186}{729}$，答案為$S = \dfrac{1093}{243}$

前面7-6節的計算稱為「等差級數的和」，這一節的計算則是「等比級數的和」。

第 8 章

日常生活中的
換算技巧

「結婚紀念日是星期幾？」是可以推算的。「往來客
戶日本A公司創業於明治5年，是西元幾年？」知道西
曆換算方式可立刻回答。諸如「在迴轉壽司店排隊，
還有多久才會輪到？」等等，這一章集結了各種立即
派上用場的速算知識。

8-1 日本年號迅速換算西曆

重點

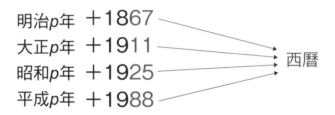

$$
\begin{aligned}
\text{明治} p \text{年} &\quad +1867 \\
\text{大正} p \text{年} &\quad +1911 \\
\text{昭和} p \text{年} &\quad +1925 \\
\text{平成} p \text{年} &\quad +1988
\end{aligned}
\quad\longrightarrow\quad \text{西曆}
$$

　　日本人平時使用西曆，但在日本政府機關辦事會要求你將西曆「換算」為昭和、平成等年號。記得上面的公式，眨眼之間就換算完畢。特別是現今大多數日本人出生於昭和、平成年間，藉由「昭和愛我（25）」、「平成爸爸（88）」等口訣更能幫助記憶。另外，請注意只有明治的「1867」開頭2位數是18。

練習　將下列年號換算西曆。

（1）明治32年是西元幾年？　　　　32＋1867＝1899

（2）大正7年是西元幾年？　　　　　7＋1911＝1918

（3）昭和48年是西元幾年？　　　　48＋1925＝1973

（4）平成7年是西元幾年？　　　　　7＋1988＝1995

（5）明治43年是西元幾年？　　　　43＋1867＝1910

（6）平成21年是西元幾年？　　　　21＋1988＝2009

8-2　西曆迅速換算日本年號

重點

明治1867、大正1911、昭和1925、平成1988

（1988＋1）以上，減掉1988→平成

（1925＋1）以上，減掉1925→昭和

（1911＋1）以上，減掉1911→大正

未滿（1911＋1），減掉1867→明治

　　想要「把西曆換算日本年號」，可進行和前面8-1節「年號→西曆」相反的計算就好。前面將明治、大正、昭和、平成的年數分別加上1867、1911、1925、1988，這一節反向操作減掉即可，只是要注意：這邊是用加上1的數值來為年號進行分類。

練習　將下列西曆換算成年號。

（1）2003年→2003－1988＝15，所以是平成15年

（2）1995年→1995－1988＝7，所以是平成7年

（3）1970年→1970－1925＝45，所以是昭和45年

（4）1925年→1925－1911＝14，所以是大正14年

（5）1875年→1875－1867＝8，所以是明治8年

8-3　推算某日是星期幾

重點

推算西元x年m月n日是星期幾的步驟如下：

①西元x年的前2位數字以a表示，後2位數字以b表示。但要將1月、2月視為前一年的13月、14月。

②計算S＝b＋[b/4]＋[a/4]－2a＋[13(m+1)/5]＋n，但是[　]內的數只取整數。

③設S除以7的餘數為R。

④根據以下的對照表求出答案。

R	0	1	2	3	4	5	6
星期	六	日	一	二	三	四	五

　　結婚紀念日、孩子的生日、阿波羅號上月球等，如果能馬上說出是星期幾很有用，此時派上用場的就是上述②的蔡勒公式。接下來以「1962年5月14日是星期幾」為例，使用蔡勒公式求解。

①設a＝19，b＝62，m＝5，n＝14。

②求S。

$$S=62+\left[\frac{62}{4}\right]+\left[\frac{19}{4}\right]-2\times19+\left[\frac{13\times(5+1)}{5}\right]+14$$

$$=62+[\ 15.5\ ]+[\ 4.75\ ]-38+[\ 15.6\ ]+14$$

$$=62+15+4-38+15+14=72$$

③S＝72，除以7，餘數R是2。

④對應R＝2是星期一。

由此可知，1962年5月14日是星期一。

蔡勒公式的基礎是費爾菲爾德公式，後者能計算從西元1年1月1日起到任何指定日期所經過的天數，前者重點在除以7的餘數。現在國際通用的曆法是格里曆，從訂定1582年10月15日為星期五後正式施行，因此用蔡勒公式計算那一天以前的西元日期是沒有意義的。

練習 推算下列西元日期是星期幾。

（1）2011年12月24日

$$S=11+\left[\frac{11}{4}\right]+\left[\frac{20}{4}\right]-2\times20+\left[\frac{13\times(12+1)}{5}\right]+24$$

$$=11+[\,2.75\,]+[\,5\,]-40+[\,33.8\,]+24$$

$$=11+2+5-40+33+24=35$$

S＝35，除以7的餘數R為0

因此是星期六

（2）1945年1月17日

$$S=44+\left[\frac{44}{4}\right]+\left[\frac{19}{4}\right]-2\times19+\left[\frac{13\times(13+1)}{5}\right]+17$$

$$=44+[\,11\,]+[\,4.75\,]-38+[\,36.4\,]+17$$

$$=44+11+4-38+36+17=74$$

（註）要將1月視為前一年，也就是1944年的13月。

S＝74，除以7的餘數R為4

因此是星期三

8-4 速算十二地支

西元年齡差距若能被12整除，
則兩人的地支相同

寄賀年卡時我們會想「明年的天干地支是什麼？」還有「1987年生的人，是什麼生肖？」等等，十二生肖相關的問題該怎麼回答呢？

日本的十二地支從推古天皇12年，也就是西元604年開始定為「甲子」年，因此，在日本，西元m年出生的人，將m和604的差除以12，計算餘數R，再參照下面的十二地支表即可。

R＝（m－604）÷12的餘數

R	0	1	2	3	4	5	6	7	8	9	10	11
十二支	子	丑	寅	卯	辰	巳	午	未	申	酉	戌	亥

例如出生於1950年，1950－604＝1346，除以12的餘數為2，根據上表可知為「寅」年；1987年生的人，1987－604＝1383，除以12的餘數為3，所以是「卯」年。

再者，想知道A先生（西元m年生）和B小姐（西元n年生）的生肖是不是一樣，由（m－n）能不能被12整除就可以判斷。例如，1915年和2011年生的人，由於2011－1915＝96能被12整除，所以兩人生肖相同。

8-5　不含稅的「未稅價格」如何訂定

重點

未稅價格→（含稅價格）÷（1＋消費稅）

日本消費稅自1989年4月起正式實施（3%），1997年4月起調整為5%。2014年4月提高到8%，今後更更進一步調升至10%。

且說，商店老闆在訂價的時候，先決定未稅價格，再計算含稅價格（8%表示乘以1.08倍），會變成像這樣的狀況：「含稅價格計算來是1003日圓啊，可是希望訂在900多日圓，還是重算一次吧。」因此，「先決定含稅價格，再計算未稅價格」，很多人卻不知道該怎麼做才能馬上求得。

從結論來說，「未稅價格」的算法如下所示：

（未稅價格）＝（含稅價格）÷（1＋0.08）

例如，想將含稅價格訂在998日圓，998÷1.08≒924（日圓）就是答案。像這樣決定含稅價格，決定「未稅價格」就變得很容易。另一方面，假設個人所得的預扣所得稅率為10%，如果想讓「實收金額」為32,700元，稅前收入應該是多少呢？由（實收金額）＝（稅前金額）×（1－0.1）可得下列式子：

（稅前金額）＝（實收金額）÷（1－0.1）

想要實拿32,700元，只要除以0.9，請公司的財稅人員申報36,333日圓以便進行預扣即可。申報30,000元要「乘以0.9實拿27,000」（乘法），而用實收金額反向推算稅前金額，卻常常令人混亂。

8-6 速算存款本金成為2倍需要幾年

重點

72、114、144法則

72÷年利率（%）≒本金成為2倍所需要的年數

114÷年利率（%）≒本金成為3倍所需要的年數

144÷年利率（%）≒本金成為4倍所需要的年數

　　把手頭上的100萬存起來，以1%計息，幾年後會變成2倍呢……將諸如此類的問題用除法加以解決，就是這一節要介紹的技巧。設年利率為r（複利），存入本金A元，「72÷年利率（%）」就是本金翻倍所需要的年數。同理，本金成為3倍所需要的年數大約是「114÷年利率（%）」、成為4倍所需要的年數則是「144÷年利率（%）」。

（例）設年利率為5%，使用上述算式試算本金成為2倍、3倍、4倍所需要的年數如下，和（　）內正確答案相去不遠。

　　　　　　成為2倍所需要的年數是72÷5＝14.4年（正確是14.21年）

　　　　　　成為3倍所需要的年數是114÷5＝22.8年（正確是22.5年）

　　　　　　成為4倍所需要的年數是144÷5＝28.8年（正確是28.4年）

練習 1　設年利率為8%，使用72、114、144法則，試算本金成為2倍、3倍、4倍所需要的大約年數。

　　成為2倍所需要的年數是72÷8＝9年（正確是9.01年）

　　成為3倍所需要的年數是114÷8＝14.25年（正確是14.275年）

　　成為4倍所需要的年數是144÷8＝18年（正確是18.01年）

練習 2 設年利率為1%，利用72、114、144法則，試算本金成為2倍、3倍、4倍所需要的大約年數。

成為2倍所需要的年數是72÷1＝72年（正確是69.66年）

成為3倍所需要的年數是114÷1＝114年（正確是110.41年）

成為4倍所需要的年數是144÷1＝144年（正確是139.32年）

（註）比較練習1和2的答案，可知72、114、144法則在低利率的情況下誤差較大。

本金成為n倍真正需要幾年

來介紹如何計算本金成為n倍真正需要幾年。設年利率為r，複利計算，將本金A元存入銀行經過N年，本利和為$A(1+r)^N$，本利和為A的n倍，故下列等式成立：

$$nA=A(1+r)^N$$

左右同除A，可得下列n和N關係式：

$$n=(1+r)^N \cdots\cdots ①$$

①兩邊取對數求得N。

$$N=\frac{\log n}{\log(1+r)} \cdots\cdots ②$$

計算本金成為2倍、3倍、4倍所需要的正確年數得用到log，變得很複雜。可是運用本節的方法就很簡單呢！

以前頁（例）的正確年數14.21年，即用②代入n＝2、r＝0.05可求得答案。

8-7 計算身亡求償金

重點

被害人身亡時,所失利益的概算金額為

年收入×（1－生活費扣除率）× $\dfrac{n}{1+0.05×n}$

預設條件為n＝67－（死亡年齡）

試算因交通意外而喪生,大約可以獲得多少貼償金額。交通意外死亡可向加害人求償的金額,如下列算式所示:

賠償金額＝（積極損害＋消極損害＋精神慰撫金）×對方的過失比例

這裡來探究一下何謂死亡所造成的消極損害。消極損害指的是因交通事故發生,以致於不能取得原本應得的所失利益。

（註）此節為日本的狀況。台灣同樣適用,依銀行利率可計算求得。積極損害是指醫藥費、住院費、喪葬費等等。而精神慰撫金是指被害人就醫或住院（傷害撫慰金）、留下後遺症（後遺症撫慰金）以及身亡（死亡撫慰金）,加害人所應支付的金額。

所失利益可透過下列算式計算:

年收入×（1－生活費扣除率）×萊布尼茲係數……①

上面算式①年收入是指死亡時的年收入金額,生活費扣除率則是因為死亡後不再需要支付生活費,所以予以扣除,比率如下所示:

一家經濟支柱:0.3～0.4

女性（家庭主婦、單身、幼童）:0.3～0.4

男性（單身、幼童）:0.5

此外萊布尼茲係數由下列式子計算：

$$\frac{1}{1+r}+\frac{1}{(1+r)^2}+\cdots\cdots+\frac{1}{(1+r)^n}=\frac{(1+r)^n-1}{r(1+r)^n}\cdots\cdots②$$

此處r為法定利率0.05，n為67減掉死亡年齡。假設被害人還活著，推算將來理應得到的收入總額，並扣除利息部分（以法定利率0.05複利計息），藉由②萊布尼茲係數折算成現在的等值金額。

（註）法定利率不符合目前的低利時代，因此有人提議應改為0.02～0.03。另外，使用複利計算是萊布尼茲係數，而用單利計算的則是霍夫曼係數。一般而言萊布尼茲係數比霍夫曼係數小。

於是，這裡就來概算一下一個55歲的人（年收600萬日圓）因交通事故而身亡的所失利益是多少。因為②式用到指數計算複雜，所以改用下面近似式③。

$$\frac{(1+r)^n-1}{r(1+r)^n}\fallingdotseq\frac{(1+rn)-1}{r(1+rn)}=\frac{n}{1+rn}\cdots\cdots③$$

r＝0.05、n＝67－55＝12、生活費扣除率以0.3來計算，所失利益

$$=600\times（1-0.3）\times\frac{12}{1+0.05\times12}$$

＝600×0.7×7.5＝3150萬日圓

（註）式②計算中真實的萊布尼茲係數為8.8633。

在日本，死亡慰撫金的參考標準大約是三千萬日圓，所以在日本，一個55歲的人命的生命最多只值三千萬日圓。雖說一個人的價值高於全世界……。

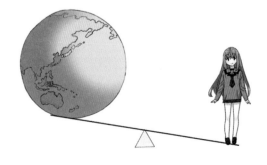

8-8　運動循環賽總共要比賽幾場？

重點

$$總賽數 = \frac{n(n-1)}{2}（n為隊伍數）$$

在運動競賽中，當隊伍數為n，循環賽的總賽數為$\frac{n(n-1)}{2}$。舉n＝5為例來說明，將各隊伍分別命名為A、B、C、D、E，製作循環賽程表如下表。總共有5^2場比賽，但因為不需要跟自己對戰，所以減掉5，又（A, B）和（B, A）是同一場比賽，所以要除以2，也就是$\frac{25-5}{2}$，化作一般式即是$\frac{(n^2-n)}{2} = \frac{n(n-1)}{2}$。以此式為基礎畫出下圖，可表示隊伍數與總賽數之間的關係。

循環賽制雖然較為公平，但參賽隊伍不多採用較適當。

	A	B	C	D	E
A	（A、A）	（A、B）	（A、C）	（A、D）	（A、E）
B	（B、A）	（B、B）	（B、C）	（B、D）	（B、E）
C	（C、A）	（C、B）	（C、C）	（C、D）	（C、E）
D	（D、A）	（D、B）	（D、C）	（D、D）	（D、E）
E	（E、A）	（E、B）	（E、C）	（E、D）	（E、E）

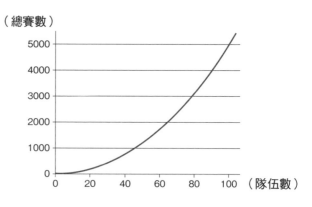

8-9 運動淘汰賽總共要比賽幾場？

重點

總賽數＝n－1
（n為隊伍數）

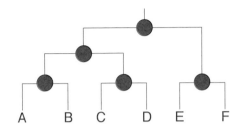

以上圖6個隊伍為例，由於淘汰賽制每場比賽會淘汰1隊，所以當隊伍數為6，必需舉行「隊伍數－1」場，也就是5場比賽，就能淘汰5隊，最後留下來的1隊得勝。

同理可證，當隊伍數為n，只要舉行（n－1）場比賽就能淘汰（n－1）隊，最後1隊確定勝出。

無論多麼複雜的淘汰賽程，這個邏輯都一定成立。右圖是16隊的淘汰賽程表，共15次比賽（紅點數）。即使有種子隊，總賽數依舊是「隊伍數－1」。

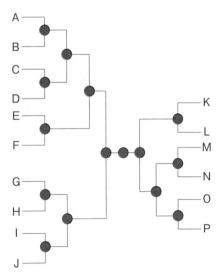

重點

根據隊伍排隊人數來計算等待時間

在餐廳或活動會場需要排隊的情況並不少見。「大概還要等多久？」如果知道答案，就可以選擇要繼續等下去，或是乾脆放棄。這個時候，可以用下面的利特爾法則快速計算等待時間W。

$$W=\frac{L}{\lambda}\cdots\cdots利特爾法則$$

L為排在自己前面的人數

λ為1分鐘以後排在自己後面的人數

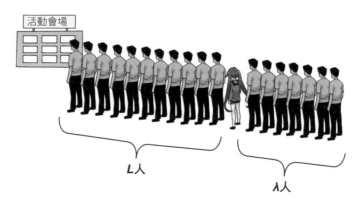

假設前面已經大約排了300人，自己開始排隊後經過1分鐘，後面新來了6個人，根據利特爾法則，大約還要等50分鐘。

$$W=\frac{L}{\lambda}=\frac{300（人）}{6（人／分）}=50分$$

（註）λ是1分鐘內排在自己後面的人數，單位為人／分，因此W的單位為分。如果λ是1小時內排在自己後面的人數，W的單位就變成小時。利特爾是人名。

8-11 「東京巨蛋大小」相對速算體積

重點

東京巨蛋

建築佔地面積約為216m×216m

建築物體積約為108m×108m×108m

常在日本報紙或電視新聞上看到「土石崩落量相當於3個東京巨蛋大小」、「在東京巨蛋2倍大的池子裡養殖鱒魚」等描述，這些數字令人似懂非懂。這時可想像下圖幫助理解。另外，日本甲子園球場面積為39600m²。

順帶一提，一般足球場面積約為7140m²（約2160坪），硬式網球場（白線內）面積為260 m²（約80坪）。

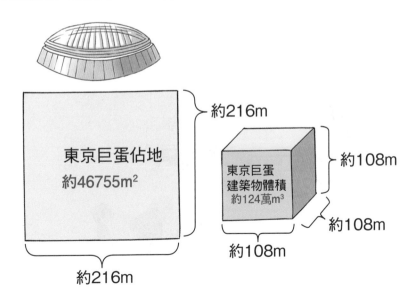

8-12　1輛卡車的載重量

重點

大型：最大載重量10公噸左右
中型：最大載重量5～8公噸左右
小型：最大載重量2～4公噸左右

　　在日本明文規定一般載貨卡車的最大載重量為11公噸。平時在日本公路上遇到的各式貨車中，較常見的是10公噸左右的大型卡車，因此，換算成水的重量，便是裝滿水的1m³容器（長、寬、高皆為1m）的10倍。這樣一來，聽到「相當於5輛卡車的土石量」，多少能夠想像。

　　此外要注意的是砂石和水的比重不同，水的比重是1，砂石的比重則是約1.2～2.0。因此砂石比較重。

10噸卡車的載重量是1m³的水的10倍

8-13 「徒步幾分鐘到車站」速算距離

重點

走路速度約為80m／分

網站或新聞媒體常見「從某捷運站徒步20分」，表示某地點和最近車站之間的距離。徒步20分所能到的距離因人而異，於是日本不動產業界制訂「1分鐘行走80m」的規定。因此，徒步20分到車站，意指某房產物件距離車站大約80×20＝1600m。

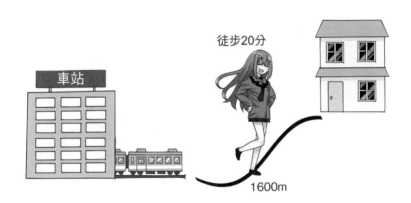

另外，日本不動產公平競爭規約施行規則，對於「各設施的距離以及所需時間」明文規定「徒步所需時間，以道路80公尺行走需時1分為計算標準，未滿1分者以1分計」（第5章第1節(10)）。

8-14　以身體為測量標準

1英吋≒2.5cm……　成年男性的拇指寬度

1英呎≒30cm……　成年男性的腳掌長度

1碼≒90cm……　　成年男性手臂伸直，

　　　　　　　　　從鼻尖到拇指的距離

　英吋、英呎、碼原本是「身體尺」（以人體尺寸為基礎的測量單位），可結合身體來記憶這些數字會比較容易。

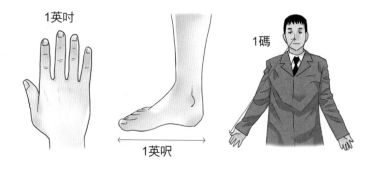

　精確值為1英吋＝2.54cm、1英呎＝30.48cm、1碼＝3英呎＝91.44cm。

（註）foot（英呎）複數為feet。

8-15 「1尋」的測量輔助單位

重點

1尋≒身高

　　「1尋」是指雙臂完全展開的長度，現代社會很少使用，知道1尋大約等於身高，在日常生活中進行測量較方便，因為幾乎每個人都知道自己的身高。

1尋≒身高

8-16 「手掌最大寬度」的測量輔助單位

重點

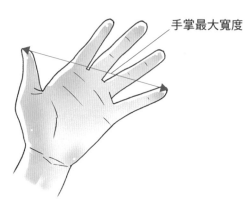

手掌最大寬度

外出看見商品，想知道大小是多少，但尺寸可能沒有標示，這時如果知道自己拇指到小指之間的長度（有人平常是用拇指到食指之間的長度，也可以）會很方便，以此為基準，可快速估計商品的大約尺寸。

我的手掌最大寬度是15cm，所以這條魚大概是……嗯……

8-17 估算大樓高度

重點

14～15層樓的大樓高度為3～3.2m×樓層數

摩天大樓的高度為3.5m×樓層數

從地面目測100m的距離並不容易，而高度更難讓人有實感。

生活中常見的公寓大樓經常被用來描述高度，例如「那座山的高度相當於15層樓的大廈」。然而經過實際調查發現，大樓的高度不一而足，實在難以用1個數字概括。

因此，將焦點放在14～15層樓高的大樓。由於在日本此類建築物高度多限制在45m以下，1層樓高度大約是3～3.2m。而摩天大樓的每層樓高較一般大廈更高，因此計算摩天大樓的高度，可將1層樓的高度定為3.5m左右，可用來估算高度。

209.4m（日本最高的大樓）
（註）2015年3月資料。

54層樓
北濱塔
2009年3月竣工
（日本大阪市）

2.3.5×54＝189m
好高喔……

8-18 以地球各種單位輔助測量

　　光和電波的速度秒速約為每秒30萬km，但應該很少人能夠實際感受光速有多快。換個說法，「光線1秒鐘大約繞地球7圈半」，這樣就比較有實感了①。

　　音速約為秒速340m。340m和1秒具有實感，音速比較容易理解。而光速是音速的100萬倍左右，音速完全比不上光速，兩者的差距顯可由閃電和雷聲的到達時間差，令我們有所感受，然而還是令人難以想像。

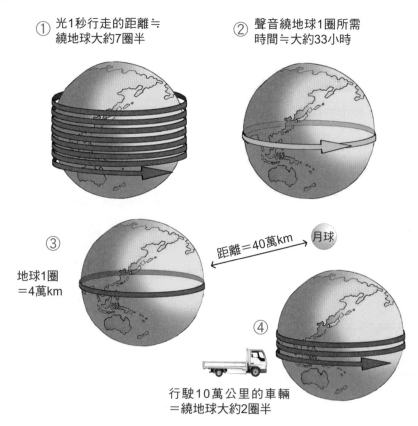

① 光1秒行走的距離≒
繞地球大約7圈半

② 聲音繞地球1圈所需
時間≒大約33小時

③
地球1圈
＝4萬km

距離＝40萬km　月球

④
行駛10萬公里的車輛
＝繞地球大約2圈半

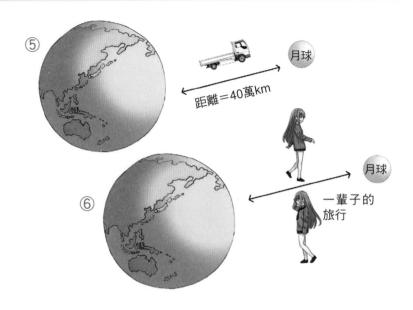

因此聲音繞地球1圈所需要的時間，大約是33小時②，竟然要花費

1天半的時間，而光只用 $\frac{1}{7}$ 秒就能繞完地球1圈，是不是馬上可以感

受到速度的差異呢？

接下來研究汽車的行駛距離。轎車的里程數超過10萬km是理所當

然的，保養維護超過20萬km也不稀奇，甚至聽過跑了30萬km以上、將

近40萬km的例子。但是，這個數字對於車子到底跑了多遠沒有實感。

以地球大小和月球之間的距離為例，想一想。地球1圈大約是4萬

km③，所以10萬km代表繞地球2圈半④。跑40萬km，表示可以從地球

到達月球⑤，實在很驚人。

還有更讓人瞠目結舌的事實。一個人每天可走40km，50年共走73

萬km，幾乎等於往返月球一次⑥。像這樣將很大的數字與地球、月球

相較，可產生實際感受，不妨應用在其他方面。

8-19 溫度與高度的估算

重點

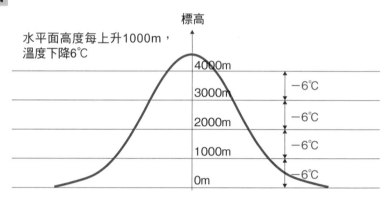

氣溫會隨著標高增加而遞減，減少程度可因溼度變化而略有差異，大致每上升1000m下降6℃，所以每上升100m下降0.6℃。根據這些事實，每上升xm氣溫下降的幅度y℃，可運用下面的比例式求解：

（註）乾燥空氣環境下每上升100m大約下降1℃。

$$1000 : 6 = x : y$$

比例式的內項乘積等於外項乘積，因此，

$$1000y = 6x，y = \frac{6}{1000}x$$

由上可知，已知x，可求y。

影響室外溫度的不僅僅是高度，還有風速。熱的時候吹風會感到涼爽，冷的時候則會覺得寒冷，身體的感覺溫度（體感溫度），會受風的影響而比實際氣溫更低。

　　理由是風吹走了人體周圍因體溫而變得暖和的空氣層，導致體溫
流失。

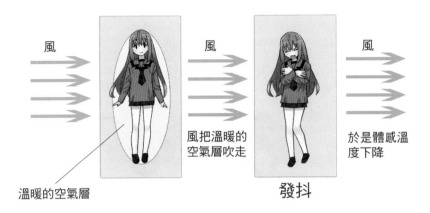

風

風把溫暖的
空氣層吹走

風

於是體感溫
度下降

溫暖的空氣層

發抖

　　事實上，風速每增加1m/s，體感溫度會下降1℃。如果風速是
20m/s，體感溫度會比實際氣溫低20℃。一般而言如下：

「風速每增加vm/s，體感溫度就下降v℃」

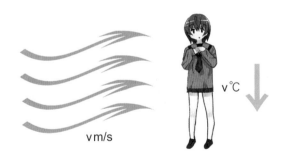

v℃

vm/s

（註）風速和體感溫度的下降幅度，並非總如上所述成比例關係。嚴格說來，「風速在0～
15m/s的範圍，平均風速每增加1m/s，體感溫度約下降1℃」。另外，計算體感溫度的著名算
式，有以溼度為主（％）的Missenard公式和以風速為主的Linke公式等。

8-20 汽車的 CO_2 排放量速算

重點

汽油車 2.3kg/L
柴油車 2.6kg/L

排放 CO_2

每公升汽油約排放2.3kg的 CO_2，每公升柴油約排放2.6kg的 CO_2，計算自己開車上下班排放二氧化碳的量。例如，往返100km的路程，每1L可以跑10km的汽油車需要消耗10L汽油，CO_2排放量為 $2.3kg \times 10 = 23kg$。1年假設通勤250天，則是 $23kg \times 250 = 5750kg$，也就是大約6公噸。竟然有這麼多 CO_2，不是很驚人嗎？

汽油耗量10km/L

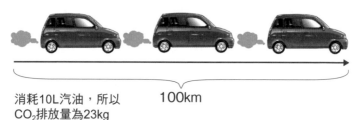

消耗10L汽油，所以
CO_2排放量為23kg

100km

每人每天會排放1kg的二氧化碳（排氣）。

8-21　運用手指將二進數迅速轉換成十進數

重點

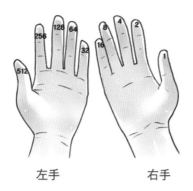

左手　　　　右手

用二進數表示的數字，要如何轉換成十進數呢？動動手指就知道。以下用二進數的1011（二）來進行說明，1011（二）的（二）意思用二進數表示，11（十）的（十）意思用十進數表示，下面敘述用n進數來表示的數字a寫作a（n），其中n是中文大寫數字。

① 如上圖所示，從右手拇指到左手拇指依序寫上數字1（＝2^0）、2（＝2^1）、4（＝2^2）、……、512（＝2^9）。

② 1011（二）也就是01011（二），將數字與手指對應，如下頁上方左圖。

③ 彎曲對應到0的手指，如下頁上方右圖。

④ 沒有彎曲的手指上的數字8、2、1相加。

　　　8＋2＋1＝11（十）

所以1011（二）用十進數表示是11。

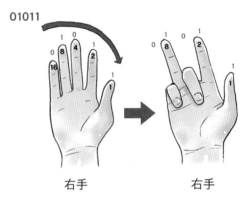

01011

右手 → 右手

練習 找到以下各數的十進數。

（1）11101（二）

由圖所示，16＋8＋4＋1＝29（十）

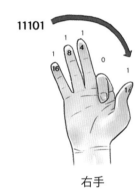

11101

右手

（2）101101（二）

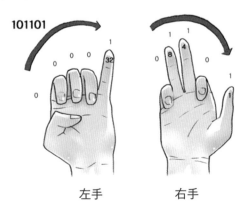

101101

左手   右手

由圖所示，32＋8＋4＋1＝45（十）

（3）1100101101（二）

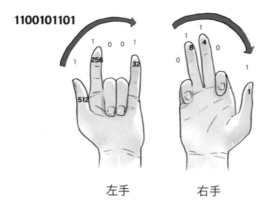

左手　　　　右手

由圖所示，512＋256＋32＋8＋4＋1＝813（十）

什麼是二進數？

例如，用二進數表示的1101，意思是

$$1101（二）＝1×2^3＋1×2^2＋0×2^1＋1×2^0……①$$

這代表2^3（＝8）有1個、2^2（＝4）有1個、2^1（＝2）有0個、2^0（＝1）有1個，因此用十進數表示則為

$$8＋4＋0＋1＝13（十）……②$$

依此類推。

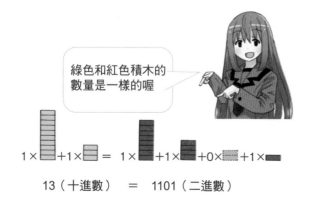

綠色和紅色積木的數量是一樣的喔

1×□＋1×□ ＝ 1×□＋1×□＋0×□＋1×□

13（十進數）　＝　1101（二進數）

8-22 將十進數迅速轉換成 n 進數

重點

連續除以 n，求餘數

前一節介紹了將二進數轉換成十進數的技巧，這一節要把十進數轉換成二進數。下面以「十進數的14→二進數」為例進行說明，其他數字也適用這個方法。

首先寫下14除以2的商7和餘0，如下圖所示。

$$2 \overline{) \ 14}$$
$$\ 7 \ \cdots\cdots 0$$

再進一步將商的7除以2，得到商3和餘1。

$$2 \overline{) \ 14}$$
$$2 \overline{) \ \ 7} \ \cdots\cdots 0$$
$$\ \ 3 \ \cdots\cdots 1$$

重複除法運算，直到商小於1為止（轉換成n進數時，要持續到商小於（n−1）為止。因為要轉換成二進數，所以是2−1＝1）。

$$2 \overline{) \ 14}$$
$$2 \overline{) \ \ 7} \ \cdots\cdots 0$$
$$2 \overline{) \ \ 3} \ \cdots\cdots 1$$
$$\ \ 1 \ \cdots\cdots 1$$

最後，依照下頁圖中的箭頭順序寫的數字1110，即是將14用二進數表示的結果。

```
2) 14
2)  7  ……0
2)  3  ……1
    1  ……1
```

練習　將下列的十進數改寫為（　）內的n進數。

（1）43→（二）　　　　　　　　……43（十）＝101011（二）

```
2) 43
2) 21  ……1
2) 10  ……1
2)  5  ……0
2)  2  ……1
    1  ……0
```

> 由於是二進數，只能使用0和1兩個數字。

（2）4352→（五）　　　　　　　……4352（十）＝114402（五）

```
5) 4352
5)  870  ……2
5)  174  ……0
5)   34  ……4
5)    6  ……4
      1  ……1
```

> 由於是五進數，可以使用0、1、2、3、4共5個數字。

（3）543→（七）　　　　　　　……543（十）＝1404（七）

$$
\begin{array}{r}
7\,)\ \underline{543} \\
7\,)\ \underline{\ 77\ }\ \cdots\cdots 4 \\
7\,)\ \underline{\ 11\ }\ \cdots\cdots 0 \\
1\ \ \cdots\cdots 4
\end{array}
$$

由於是七進數，可以使用0、1、2、3、4、5、6共7個數字。

（4）769852（十）→（十六）

$$
\begin{array}{r}
16\,)\ \underline{769852} \\
16\,)\ \underline{\ 48115\ }\ \cdots\cdots 12 \\
16\,)\ \underline{\ \ 3007\ }\ \cdots\cdots\ 3 \\
16\,)\ \underline{\ \ \ 187\ }\ \cdots\cdots 15 \\
11\ \ \cdots\cdots 11
\end{array}
$$

十六進數轉換過程中出現了12、15、11，該怎麼寫？

　　如上所示，求出的答案為（11）（11）（15）3（12），但在1位裡寫上2位數會造成混亂，所以十六進數使用數字0～9和英文字母（A～F）來表示。

0	1	2	3	4	5	6	7	8	9	10	11	12	13	14	15
↓	↓	↓	↓	↓	↓	↓	↓	↓	↓	↓	↓	↓	↓	↓	↓
0	1	2	3	4	5	6	7	8	9	A	B	C	D	E	F

因此答案如下：

769852（十）＝BBF3C（十六）

8-23　利用對數速算大數的概數

重點

$$利用log計算3^{100} ≒ 5.13 \times 10^{47}$$

　　脫離現實生活、非常龐大的數字或金額，稱為大數或天文數字。事實上，過去天文學家在從事天文學方面的計算時，處理大數花費了許多時間，而將過程變得極為省力的就是對數。對數大幅減輕了天文學家的工作。

天文學家要計算這麼大的
數字，好辛苦喔～

　　這一節以3^{100}為例，來體驗一下對數的神妙之處。3^{100}的意思是3連乘100次，5-6節曾運用$2^{10} ≒ 1000$進行概數計算，3^{100}卻沒有這麼好用的概數。然而，用對數（log）就可以找到它的概數。這裡先介紹一下log的定義：

　　「$y = \log_a x$，表示$x = a^y$」……①

　　例如，問$y = \log_2 8$的y是多少，由①可知y滿足$8 = 2^y$的條件，所以答案是3。

並且，這裡的3稱為「以2為底」的8的對數。

其中較特別的是以10為底的對數，叫作常用對數，經常運用在數字計算中。常用對數會省略底數10，寫做y＝logx。

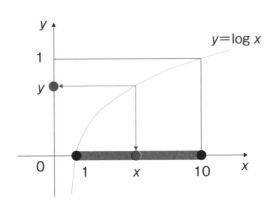

由於常用對數經常使用，在$1 \leqq x < 10$範圍內的x，為了能夠馬上查出y＝logx，製作了表格，稱為常用對數表（參照198頁）。

接下來利用常用對數表來看看3^{100}到底是多少吧。根據對數表可知log3＝0.4771，因此參考對數的性質（右頁），將3^{100}取對數：

$$\log 3^{100} = 100\log 3 = 100 \times 0.4771 = 47.71$$

根據指數定律進行下列計算：

$$3^{100} = 10^{47.71} = 10^{47+0.71} = 10^{47} \times 10^{0.71}$$

這裡設$x = 10^{0.71}$，使用①改寫為log：

$$0.71 = \log x$$

反向查表可知x＝5.13，換句話說，$10^{0.71}＝5.13$。

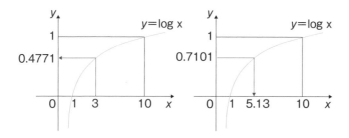

因此，$3^{100}＝10^{47.71}＝10^{0.71}×10^{47}≒5.13×10^{47}$。

指數定律與對數性質

與指數相關的運算法則稱為指數定律。

$$a^m a^n ＝ a^{m+n}、(a^m)^n ＝ a^{mn}、(ab)^n ＝ a^n b^n ……指數定律$$

條件是a＞0、b＞0。

由指數定律和對數定義（195頁的①）可知下列算式成立：

$$\log_a MN ＝ \log_a M ＋ \log_a N、\quad \log_a \frac{M}{N} ＝ \log_a M － \log_a N$$

$$\log_a M^n ＝ n\log_a M$$

條件是a＞0、a≠1、M＞0、N＞0。

常用對數表

　　下列表格提供 $y = \log_{10} x$（$1 \leqq x < 10$）的y值。第1行（直）為x的個位與小數點後第1位的值，第1列（橫）則是x小數點後第2位的值。行與列相交之處的數字即為y值。

log3＝0.4771

	0	1	2	3	4	5	6	7	8	9
1.0	0.0000	0.0043	0.0086	0.0128	0.0170	0.0212	0.0253	0.0294	0.0334	0.0374
1.1	0.0414	0.0453	0.0492	0.0531	0.0569	0.0607	0.0645	0.0682	0.0719	0.0755
1.2	0.0792	0.0828	0.0864	0.0899	0.0934	0.0969	0.1004	0.1038	0.1072	0.1106
1.3	0.1139	0.1173	0.1206	0.1239	0.1271	0.1303	0.1335	0.1367	0.1399	0.1430
1.4	0.1461	0.1492	0.1523	0.1553	0.1584	0.1614	0.1644	0.1673	0.1703	0.1732
1.5	0.1761	0.1790	0.1818	0.1847	0.1875	0.1903	0.1931	0.1959	0.1987	0.2014
1.6	0.2041	0.2068	0.2095	0.2122	0.2148	0.2175	0.2201	0.2227	0.2253	0.2279
1.7	0.2304	0.2330	0.2355	0.2380	0.2405	0.2430	0.2455	0.2480	0.2504	0.2529
1.8	0.2553	0.2577	0.2601	0.2625	0.2648	0.2672	0.2695	0.2718	0.2742	0.2765
1.9	0.2788	0.2810	0.2833	0.2856	0.2878	0.2900	0.2923	0.2945	0.2967	0.2989
2.0	0.3010	0.3032	0.3054	0.3075	0.3096	0.3118	0.3139	0.3160	0.3181	0.3201
2.1	0.3222	0.3243	0.3263	0.3284	0.3304	0.3324	0.3345	0.3365	0.3385	0.3404
2.2	0.3424	0.3444	0.3464	0.3483	0.3502	0.3522	0.3541	0.3560	0.3579	0.3598
2.3	0.3617	0.3636	0.3655	0.3674	0.3692	0.3711	0.3729	0.3747	0.3766	0.3784
2.4	0.3802	0.3820	0.3838	0.3856	0.3874	0.3892	0.3909	0.3927	0.3945	0.3962
2.5	0.3979	0.3997	0.4014	0.4031	0.4048	0.4065	0.4082	0.4099	0.4116	0.4133
2.6	0.4150	0.4166	0.4183	0.4200	0.4216	0.4232	0.4249	0.4265	0.4281	0.4298
2.7	0.4314	0.4330	0.4346	0.4362	0.4378	0.4393	0.4409	0.4425	0.4440	0.4456
2.8	0.4472	0.4487	0.4502	0.4518	0.4533	0.4548	0.4564	0.4579	0.4594	0.4609
2.9	0.4624	0.4639	0.4654	0.4669	0.4683	0.4698	0.4713	0.4728	0.4742	0.4757
3.0	0.4771	0.4786	0.4800	0.4814	0.4829	0.4843	0.4857	0.4871	0.4886	0.4900
3.1	0.4914	0.4928	0.4942	0.4955	0.4969	0.4983	0.4997	0.5011	0.5024	0.5038
3.2	0.5051	0.5065	0.5079	0.5092	0.5105	0.5119	0.5132	0.5145	0.5159	0.5172
3.3	0.5185	0.5198	0.5211	0.5224	0.5237	0.5250	0.5263	0.5276	0.5289	0.5302
3.4	0.5315	0.5328	0.5340	0.5353	0.5366	0.5378	0.5391	0.5403	0.5416	0.5428
3.5	0.5441	0.5453	0.5465	0.5478	0.5490	0.5502	0.5514	0.5527	0.5539	0.5551
3.6	0.5563	0.5575	0.5587	0.5599	0.5611	0.5623	0.5635	0.5647	0.5658	0.5670
3.7	0.5682	0.5694	0.5705	0.5717	0.5729	0.5740	0.5752	0.5763	0.5775	0.5786
3.8	0.5798	0.5809	0.5821	0.5832	0.5843	0.5855	0.5866	0.5877	0.5888	0.5899
3.9	0.5911	0.5922	0.5933	0.5944	0.5955	0.5966	0.5977	0.5988	0.5999	0.6010
4.0	0.6021	0.6031	0.6042	0.6053	0.6064	0.6075	0.6085	0.6096	0.6107	0.6117
4.1	0.6128	0.6138	0.6149	0.6160	0.6170	0.6180	0.6191	0.6201	0.6212	0.6222
4.2	0.6232	0.6243	0.6253	0.6263	0.6274	0.6284	0.6294	0.6304	0.6314	0.6325
4.3	0.6335	0.6345	0.6355	0.6365	0.6375	0.6385	0.6395	0.6405	0.6415	0.6425
4.4	0.6435	0.6444	0.6454	0.6464	0.6474	0.6484	0.6493	0.6503	0.6513	0.6522
4.5	0.6532	0.6542	0.6551	0.6561	0.6571	0.6580	0.6590	0.6599	0.6609	0.6618
4.6	0.6628	0.6637	0.6646	0.6656	0.6665	0.6675	0.6684	0.6693	0.6702	0.6712
4.7	0.6721	0.6730	0.6739	0.6749	0.6758	0.6767	0.6776	0.6785	0.6794	0.6803
4.8	0.6812	0.6821	0.6830	0.6839	0.6848	0.6857	0.6866	0.6875	0.6884	0.6893
4.9	0.6902	0.6911	0.6920	0.6928	0.6937	0.6946	0.6955	0.6964	0.6972	0.6981

$$x=5.13，所以10^{0.71}=5.13$$

	0	1	2	3	4	5	6	7	8	9
5.0	0.6990	0.6998	0.7007	0.7016	0.7024	0.7033	0.7042	0.7050	0.7059	0.7067
5.1	0.7076	0.7084	0.7093	0.7101	0.7110	0.7118	0.7126	0.7135	0.7143	0.7152
5.2	0.7160	0.7168	0.7177	0.7185	0.7193	0.7202	0.7210	0.7218	0.7226	0.7235
5.3	0.7243	0.7251	0.7259	0.7267	0.7275	0.7284	0.7292	0.7300	0.7308	0.7316
5.4	0.7324	0.7332	0.7340	0.7348	0.7356	0.7364	0.7372	0.7380	0.7388	0.7396
5.5	0.7404	0.7412	0.7419	0.7427	0.7435	0.7443	0.7451	0.7459	0.7466	0.7474
5.6	0.7482	0.7490	0.7497	0.7505	0.7513	0.7520	0.7528	0.7536	0.7543	0.7551
5.7	0.7559	0.7566	0.7574	0.7582	0.7589	0.7597	0.7604	0.7612	0.7619	0.7627
5.8	0.7634	0.7642	0.7649	0.7657	0.7664	0.7672	0.7679	0.7686	0.7694	0.7701
5.9	0.7709	0.7716	0.7723	0.7731	0.7738	0.7745	0.7752	0.7760	0.7767	0.7774
6.0	0.7782	0.7789	0.7796	0.7803	0.7810	0.7818	0.7825	0.7832	0.7839	0.7846
6.1	0.7853	0.7860	0.7868	0.7875	0.7882	0.7889	0.7896	0.7903	0.7910	0.7917
6.2	0.7924	0.7931	0.7938	0.7945	0.7952	0.7959	0.7966	0.7973	0.7980	0.7987
6.3	0.7993	0.8000	0.8007	0.8014	0.8021	0.8028	0.8035	0.8041	0.8048	0.8055
6.4	0.8062	0.8069	0.8075	0.8082	0.8089	0.8096	0.8102	0.8109	0.8116	0.8122
6.5	0.8129	0.8136	0.8142	0.8149	0.8156	0.8162	0.8169	0.8176	0.8182	0.8189
6.6	0.8195	0.8202	0.8209	0.8215	0.8222	0.8228	0.8235	0.8241	0.8248	0.8254
6.7	0.8261	0.8267	0.8274	0.8280	0.8287	0.8293	0.8299	0.8306	0.8312	0.8319
6.8	0.8325	0.8331	0.8338	0.8344	0.8351	0.8357	0.8363	0.8370	0.8376	0.8382
6.9	0.8388	0.8395	0.8401	0.8407	0.8414	0.8420	0.8426	0.8432	0.8439	0.8445
7.0	0.8451	0.8457	0.8463	0.8470	0.8476	0.8482	0.8488	0.8494	0.8500	0.8506
7.1	0.8513	0.8519	0.8525	0.8531	0.8537	0.8543	0.8549	0.8555	0.8561	0.8567
7.2	0.8573	0.8579	0.8585	0.8591	0.8597	0.8603	0.8609	0.8615	0.8621	0.8627
7.3	0.8633	0.8639	0.8645	0.8651	0.8657	0.8663	0.8669	0.8675	0.8681	0.8686
7.4	0.8692	0.8698	0.8704	0.8710	0.8716	0.8722	0.8727	0.8733	0.8739	0.8745
7.5	0.8751	0.8756	0.8762	0.8768	0.8774	0.8779	0.8785	0.8791	0.8797	0.8802
7.6	0.8808	0.8814	0.8820	0.8825	0.8831	0.8837	0.8842	0.8848	0.8854	0.8859
7.7	0.8865	0.8871	0.8876	0.8882	0.8887	0.8893	0.8899	0.8904	0.8910	0.8915
7.8	0.8921	0.8927	0.8932	0.8938	0.8943	0.8949	0.8954	0.8960	0.8965	0.8971
7.9	0.8976	0.8982	0.8987	0.8993	0.8998	0.9004	0.9009	0.9015	0.9020	0.9025
8.0	0.9031	0.9036	0.9042	0.9047	0.9053	0.9058	0.9063	0.9069	0.9074	0.9079
8.1	0.9085	0.9090	0.9096	0.9101	0.9106	0.9112	0.9117	0.9122	0.9128	0.9133
8.2	0.9138	0.9143	0.9149	0.9154	0.9159	0.9165	0.9170	0.9175	0.9180	0.9186
8.3	0.9191	0.9196	0.9201	0.9206	0.9212	0.9217	0.9222	0.9227	0.9232	0.9238
8.4	0.9243	0.9248	0.9253	0.9258	0.9263	0.9269	0.9274	0.9279	0.9284	0.9289
8.5	0.9294	0.9299	0.9304	0.9309	0.9315	0.9320	0.9325	0.9330	0.9335	0.9340
8.6	0.9345	0.9350	0.9355	0.9360	0.9365	0.9370	0.9375	0.9380	0.9385	0.9390
8.7	0.9395	0.9400	0.9405	0.9410	0.9415	0.9420	0.9425	0.9430	0.9435	0.9440
8.8	0.9445	0.9450	0.9455	0.9460	0.9465	0.9469	0.9474	0.9479	0.9484	0.9489
8.9	0.9494	0.9499	0.9504	0.9509	0.9513	0.9518	0.9523	0.9528	0.9533	0.9538
9.0	0.9542	0.9547	0.9552	0.9557	0.9562	0.9566	0.9571	0.9576	0.9581	0.9586
9.1	0.9590	0.9595	0.9600	0.9605	0.9609	0.9614	0.9619	0.9624	0.9628	0.9633
9.2	0.9638	0.9643	0.9647	0.9652	0.9657	0.9661	0.9666	0.9671	0.9675	0.9680
9.3	0.9685	0.9689	0.9694	0.9699	0.9703	0.9708	0.9713	0.9717	0.9722	0.9727
9.4	0.9731	0.9736	0.9741	0.9745	0.9750	0.9754	0.9759	0.9763	0.9768	0.9773
9.5	0.9777	0.9782	0.9786	0.9791	0.9795	0.9800	0.9805	0.9809	0.9814	0.9818
9.6	0.9823	0.9827	0.9832	0.9836	0.9841	0.9845	0.9850	0.9854	0.9859	0.9863
9.7	0.9868	0.9872	0.9877	0.9881	0.9886	0.9890	0.9894	0.9899	0.9903	0.9908
9.8	0.9912	0.9917	0.9921	0.9926	0.9930	0.9934	0.9939	0.9943	0.9948	0.9952
9.9	0.9956	0.9961	0.9965	0.9969	0.9974	0.9978	0.9983	0.9987	0.9991	0.9996

西曆、日本年號、年齡快速一覽表（2015年）

2015 平成27 0歲	2014 平成26 1歲	2013 平成25 2歲	2012 平成24 3歲	2011 平成23 4歲	2010 平成22 5歲	2009 平成21 6歲	2008 平成20 7歲	2007 平成19 8歲	2006 平成18 9歲
2005 平成17 10歲	2004 平成16 11歲	2003 平成15 12歲	2002 平成14 13歲	2001 平成13 14歲	2000 平成12 15歲	1999 平成11 16歲	1998 平成10 17歲	1997 平成9 18歲	1996 平成8 19歲
1995 平成7 20歲	1994 平成6 21歲	1993 平成5 22歲	1992 平成4 23歲	1991 平成3 24歲	1990 平成2 25歲	1989 平成1 26歲	1988 昭和63 27歲	1987 昭和62 28歲	1986 昭和61 29歲
1985 昭和60 30歲	1984 昭和59 31歲	1983 昭和58 32歲	1982 昭和57 33歲	1981 昭和56 34歲	1980 昭和55 35歲	1979 昭和54 36歲	1978 昭和53 37歲	1977 昭和52 38歲	1976 昭和51 39歲
1975 昭和50 40歲	1974 昭和49 41歲	1973 昭和48 42歲	1972 昭和47 43歲	1971 昭和46 44歲	1970 昭和45 45歲	1969 昭和44 46歲	1968 昭和43 47歲	1967 昭和42 48歲	1966 昭和41 49歲
1965 昭和40 50歲	1964 昭和39 51歲	1963 昭和38 52歲	1962 昭和37 53歲	1961 昭和36 54歲	1960 昭和35 55歲	1959 昭和34 56歲	1958 昭和33 57歲	1957 昭和32 58歲	1956 昭和31 59歲
1955 昭和30 60歲	1954 昭和29 61歲	1953 昭和28 62歲	1952 昭和27 63歲	1951 昭和26 64歲	1950 昭和25 65歲	1949 昭和24 66歲	1948 昭和23 67歲	1947 昭和22 68歲	1946 昭和21 69歲
1945 昭和20 70歲	1944 昭和19 71歲	1943 昭和18 72歲	1942 昭和17 73歲	1941 昭和16 74歲	1940 昭和15 75歲	1939 昭和14 76歲	1938 昭和13 77歲	1937 昭和12 78歲	1936 昭和11 79歲
1935 昭和10 80歲	1934 昭和9 81歲	1933 昭和8 82歲	1932 昭和7 83歲	1931 昭和6 84歲	1930 昭和5 85歲	1929 昭和4 86歲	1928 昭和3 87歲	1927 昭和2 88歲	1926 昭和1 89歲
1925 大正14 90歲	1924 大正13 91歲	1923 大正12 92歲	1922 大正11 93歲	1921 大正10 94歲	1920 大正9 95歲	1919 大正8 96歲	1918 大正7 97歲	1917 大正6 98歲	1916 大正5 99歲
1915 大正4 100歲	1914 大正3 101歲	1913 大正2 102歲	1912 大正1 103歲	1911 明治44 104歲	1910 明治43 105歲	1909 明治42 106歲	1908 明治41 107歲	1907 明治40 108歲	1906 明治39 109歲
1905 明治38 110歲	1904 明治37 111歲	1903 明治36 112歲	1902 明治35 113歲	1901 明治34 114歲	1900 明治33 115歲	1899 明治32 116歲	1898 明治31 117歲	1897 明治30 118歲	1896 明治29 119歲
1895 明治28 120歲	1894 明治27 121歲	1893 明治26 122歲	1892 明治25 123歲	1891 明治24 124歲	1890 明治23 125歲	1889 明治22 126歲	1888 明治21 127歲	1887 明治20 128歲	1886 明治19 129歲

（註）昭和64年為平成1年，大正15年為昭和1年，明治45年為大正1年。

第 9 章

當下立刻進行正確判斷
的邏輯思維

商業上自不待言，生活中所有面向都要求邏
輯思考。不合邏輯的說明難以說服他人，缺
乏邏輯思維無法注意話術的前後矛盾，落入
詐騙的陷阱。這一章就來幫助讀者學習邏輯
思維的基本概念。

9-1 「所有大人都是有錢人」這句話的否定敘述是什麼？

重點

「全體x都是p」否定敘述為「至少存在有一個x不是p」

性向智力測驗題目繁多，答題時間卻很短，必須迅速作答才能得到分數。例如，遇到「所有大人都是有錢人，否定敘述為何」這類題目，要能立刻答出「也有一些大人不是有錢人」。

那麼來思考一下：為什麼「所有大人都是有錢人」的否定敘述是「也有一些大人不是有錢人」呢？

為便於說明，設集合X為滿足「大人」條件的人類，集合P為滿足「有錢人」條件的人類，如下圖所示（圖1、圖2）。方框內表示「全體人類」（這種圖示稱為文氏圖）。

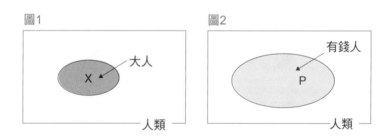

此處的敘述「所有大人都是有錢人」，表示「滿足大人條件的人類，無論是誰，都滿足有錢人的條件」，所以「大人的集合X完全包含在有錢人的集合P裡面」（圖3）。

圖3

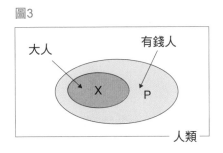

那麼，要否定「所有大人都是有錢人」的敘述，就表示「X包含在P的裡面」是不對的，所以X超出了P的範圍，也就是下面的圖4或圖5其中之一。

因此，無論哪一個圖都表示「也有一些大人不是有錢人」，換句話說，「至少有一個大人不是有錢人」。

圖4

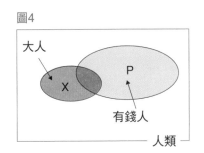

圖5

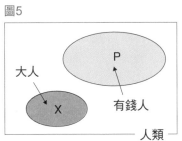

這裡如果把「大人」的條件以x表示，「有錢人」的條件以p表示，可得「全體x都是p」的否定敘述為「至少存在有一個x不是p」。

練習

（1）「所有學生都很用功」否定敘述為何？

　　　　　　　　　　　　　（答）「至少有一個學生不用功」

（2）「全體人類都不說謊」否定敘述為何？

　　　　　　　　　　　　　（答）「至少有一個人類說謊」

9-2 「至少有一個大人是有錢人」 這句話的否定敘述是什麼？

重點

「至少存在有一個x是p」否定敘述為「全體x都不是p」

　　智力測驗題「至少有一個大人是有錢人，否定敘述為何」，萬一回答了「至少有一個大人不是有錢人」，不僅會被懷疑邏輯思考有缺陷，由於這並非計算上的錯誤，甚至可能失去信賴信用。答案是「所有的大人都不是有錢人」，但是為什麼「至少有一個大人是有錢人」否定敘述是「所有的大人都不是有錢人」呢？

　　首先如下圖所示，設集合X為滿足「大人」條件的人類（圖1），集合P為滿足「有錢人」條件的人類（圖2）。和9-1節一樣，方框內表示「全體人類」。

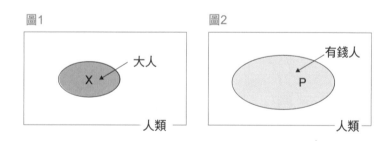

　　此處的敘述「至少有一個大人是有錢人」，表示「存在有同時滿足大人條件和有錢人條件的人」，所以是「大人的集合X完全包含在有錢人的集合P裡面」（圖3），或是「一部份的大人，也就是一部份的X包含在有錢人的集合P裡面」（圖4）。

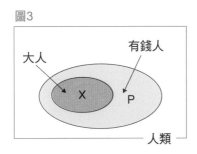

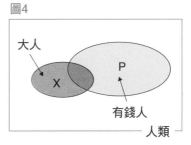

　　那麼，要否定「至少有一個大人是有錢人」，表示上面兩個圖都是不對的，所以「X超出了P的範圍」，也就是圖5為真。

　　因此，「只要是大人就不是有錢人」，換句話說，「所有的大人都不是有錢人」。這裡把「大人」的條件改為x，「有錢人」的條件改為p，就可以得到「至少存在有一個x是p」否定敘述為「全體x都不是p」。

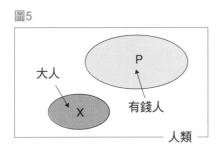

練習

（1）「至少有一棵樹的果實是紅色的」否定敘述為何？

（答）「所有樹的果實都不是紅色的」

（2）「至少有一種鳥類不會飛」否定敘述為何？

（答）「所有的鳥類都會飛」

（3）「有人會說英語」否定敘述為何？

（答）「所有人都不會說英語」

9-3 「18歲以上男性」否定敘述是什麼？

重點

$$\overline{p\text{且}q}=\overline{p} \text{ 或 } \overline{q}$$

如果有人問「18歲以上男性之外的人，是什麼人」，該怎麼回答呢？將「18歲以上的男性」想成是「18歲以上，並且是男性」，於是否定敘述為「未滿18歲男性，或者全體女性」。如此可在短時間作出類似這樣的判斷，本節最上方的邏輯規則符號「 ̄」表示否定。

現在設滿足p條件的集合為P，滿足q條件的集合為Q，畫出圖1和圖2來幫助思考，方框內表示全體。

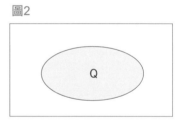

由於滿足「p且q」條件的集合，滿足了兩者的條件，圖3用調和2色的深橘色來表示，因為「p且q」表示「同時達到了雙方的要求」。

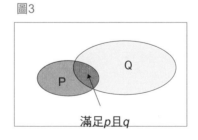

因此，「p且q」以外的集合，就是圖4中的藍色部份。

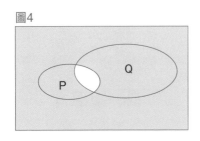

圖4

這和滿足「非p或非q」條件的部份相吻合。「或」表示至少滿足其中一個條件，或者同時滿足兩個條件。

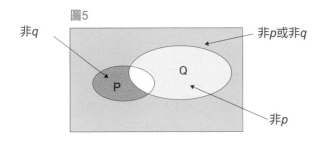

圖5

非q

非p或非q

Q

P

非p

從文氏圖來看，可清楚理解「p且q」的否定敘述為「非p或非q」，即「$\overline{p且q} = \overline{p}或\overline{q}$」（圖5）。

練習

（1）「未滿30歲單身」否定敘述為何？

（答）「30歲以上單身，或全體已婚者」

（2）「日本男性」否定敘述為何？

（答）「外國人，或日本女性」

重點

$$\overline{p或q}=\overline{p} \text{ 且 } \overline{q}$$

「18歲以上，或者是男性」否定敘述是什麼，該怎麼回答呢？「18歲以上，或者是男性」意思是「滿足18歲以上的條件，或滿足男性的條件」，所以否定敘述是兩者皆非，即為「未滿18歲的女性」。可能有人覺得答案是「未滿18歲，或者全體女性」，「未滿18歲」卻包含了「15歲男性」，所以是錯的。

那麼，運用文氏圖來幫助思考吧。設滿足p條件的集合為P，滿足q條件的集合為Q（圖1～圖3），方框內代表全體。

滿足「p或q」條件的集合，至少滿足其中一方的條件，所以是圖3中的著色部份。

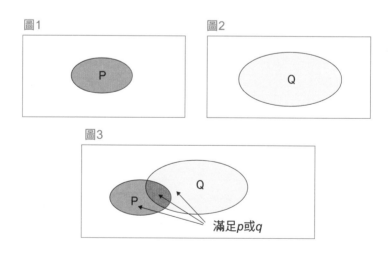

圖1

P

圖2

Q

圖3

P　Q

滿足p或q

「或」表示「至少有一方」成立即可，當然兩方都成立也沒問題。於是，不屬於「p或q」的集合，為圖4的藍色部份，和滿足「非p且非q」條件的集合一致（圖5）。

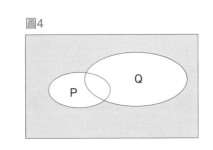

圖4

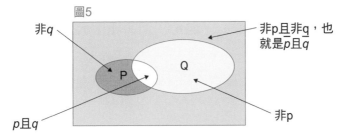

圖5

非$\overline{q}$

非p且非q，也就是$\overline{p}$且$\overline{q}$

p且q

非p

因此，「p或q」的否定敘述為「非p且非q」，也就是「$\overline{p或q}$ = $\overline{p}$且$\overline{q}$」。和9-3節同樣都是性向測驗經常出現的題目，不妨多練習。

練習

（1）「女性或小孩」否定敘述為何？

（答）「成年男性」

（2）「駕照或健保卡」否定敘述為何？

（答）「不是駕照也不是健保卡」

9-5 「下過雨路面會溼」的「逆命題」是什麼？

重點

「若p則q」的逆命題為「若q則p」

　　「下過雨路面會溼」的「逆命題」是什麼？不少人會回答「不下雨路面就不會溼」。但事實上「逆命題」是「因為路面是溼的，所以下過雨」。「逆命題」表示前後對調。

　　然而對於「逆命題」必須要注意的是：雖然原本的事實和邏輯都是對的（下過雨路面會溼），但是「逆命題」的邏輯不一定是正確的。

　　「下過雨路面會溼」確實沒錯，但路面溼可能是因為另外灑水。就如同以下這句名言：

　　「逆命題未必真」

　　「若x是人類，則x是動物」是對的。但是，「逆命題」的敘述「若x是動物，則x是人類」就不對，可能是猴子，也可能是老虎。由上例可知，將滿足「若p則q」條件者以集合表示，滿足p條件的集合P，會完全包含在滿足q條件的集合Q裡。

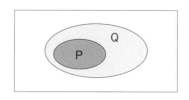

9-6 「下過雨路面會溼」的「否命題」是什麼？

重點

「若p則q」的否命題為「若非p則非q」

「下過雨路面會溼。反過來說，不下雨路面不會溼」，有人作出類似這樣的敘述，政治人物在國會答辯時也主張「增稅會導致國民生活難過，反過來說，不增稅生活就不難過」。雖然可以理解說話者的想法，但很遺憾的是以上兩個敘述都不對。正確地說，在邏輯的世界裡，這並非「逆命題」而是「否命題」。「若p則q」的「逆命題」，始終只是p和q對調後的「若q則p」，「若非p則非q」則稱為「若p則q」的「否命題」。

對於「否命題」必須要注意的事，和「逆命題」一樣：即使原命題正確，「否命題未必真」。「下過雨路面會溼」雖然是對的，否命題「不下雨路面不會溼」卻是錯的，可能因為灑水等其他原因導致路面溼掉。

如果「若p則q」為真，滿足p條件的集合P，會包含在滿足q條件的集合Q裡，但可能有雖然不是P卻是Q的要素x存在，此要素x只滿足q條件，沒有滿足p條件。

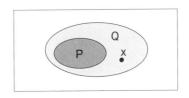

重點

「若p則q」＝「若非q則非p」

「因為路面沒有溼，所以沒下雨」……①

聽到這句話，是不是感到有點疑惑：「這個敘述是對的嗎？」我們「在前提被否定的情況下會難以思考」，但是如果記住下面這件事，就再也不需要為類似的是非判斷而煩惱。

「若非q則非p」和「若p則q」是一樣的……※

套用這個原則，敘述①和「下雨後路面就會溼」……②是一樣的。由於②是對的，所以①也是正確的。

一般而言，「若p則q」和「若非q則非p」為彼此的「對偶命題」，先前的①和②也是如此。

如果「若p則q」為真，滿足p條件的集合P，會包含在滿足q條件的集合Q裡（9-6節），此時沒有滿足q條件的集合$\overline{Q}$，一定包含在沒有滿足p條件的集合$\overline{P}$裡面，所以上面的※會成立。

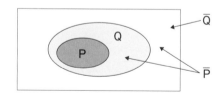

「逆命題」、「否命題」、「對偶命題」的關係

　　9-5、9-6、9-7節連續使用了「逆命題」、「否命題」、「對偶命題」邏輯用語，讀者可能覺得艱深難懂，在此不進行個別的解說，而是擺在一起同時觀察三者彼此之間的關係以下圖呈現：

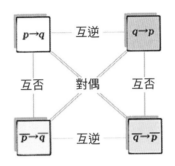

這裡的記號「→」讀作「若……則……」，所以「p→q」表示「若p則q」，而「p̄」讀作「非p」，表示p的否定。另外，符號p和q稱作「條件」，「p→q」為能夠判斷真偽的語句或公式，稱為「命題」。

此處的重點是：「對偶命題」彼此的真偽必一致，「逆命題」和「否命題」彼此的真偽則未必一致。

（例）

日本一千多年前平氏政權巔峰的平清盛時期，曾流傳這麼一句話：「非平氏者非人也」。設「p：平氏」、「q：人」，可以寫為p̄→q̄，因此這個命題的對偶為q→p，換言之，「只要是人，就是平氏」。

9-8 瞬間判斷「充分」與「必要」

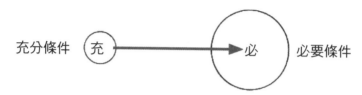

時常聽到「充分」和「必要」這兩個詞，然而人們在正確分辨和使用上感到迷惑。一般而言，「p→q」為真，稱p為q的充分條件，q為p的必要條件。

$$p \quad \rightarrow \quad q$$
（充分條件）　　（必要條件）

舉例來說，「若x是人類，則x是動物」是對的，身為「人類」是身為「動物」的充分條件；同時，身為「動物」是身為「人類」的必要條件。當我們開始思考必要和充分的意義，難免產生迷惘，造成延誤判斷，所以本節開頭圖中，以箭頭符號來表示「若……則……」，將箭羽的部份視為「充分」的「充」、箭頭的部份視為「必要」的「必」，以免搞錯。此外下圖也可以幫助讀者快速判斷什麼是「必要」和「充分」。

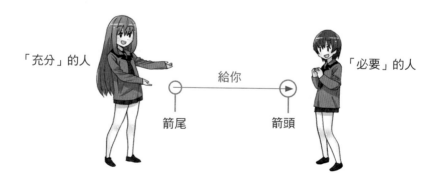

索引

國家圖書館出版品預行編目(CIP)資料

3小時掌握速算 / 涌井良幸著；陳盈辰譯. --
初版. -- 新北市：世茂, 2016.10
　面；　公分. --（科學視界；196）
　ISBN 978-986-93491-4-7（平裝）

1. 速算

311.16　　　　　　　　　105016254

科學視界196

3小時掌握速算

作　　者／涌井良幸
譯　　者／陳盈辰
主　　編／簡玉芬
責任編輯／陳文君
出 版 者／世茂出版有限公司
地　　址／(231)新北市新店區民生路19號5樓
電　　話／(02)2218-3277
傳　　真／(02)2218-3239（訂書專線）、(02)2218-7539
劃撥帳號／19911841
戶　　名／世茂出版有限公司
　　　　　單次郵購總金額未滿500元（含），請加50元掛號費
世茂網站／www.coolbooks.com.tw
排版製版／辰皓國際出版製作有限公司
印　　刷／祥新印刷股份有限公司
初版一刷／2016年10月
　二刷／2018年9月

I S B N／978-986-93491-4-7
定　　價／300元

Zukai Sokusan no Gijutsu
Copyright © 2015 Yoshiyuki Wakui
Chinese translation rights in complex characters arranged with SB Creative Corp., Tokyo
through Japan UNI Agency, Inc., Tokyo and Future View Technology Ltd., Taipei

Printed in Taiwan